衡水学院学术专著出版基金资助出版

刘贺明 著

景观设计手绘

Landscape Design Hand-painting Sketch and Application

草图与应用

化学工业出版社
·北京·

内容简介

本书对景观设计手绘知识进行了全面、深入、细致的讲解：从初步认知到实践项目运用，以系统的方法帮助读者入门，让读者快速掌握手绘技巧。书中以多个实际项目作为依托，将手绘更多地运用到实践项目中，让读者更多地了解手绘的运用。书中有丰富且实用的快题设计和就业手绘作品，希望通过本书能够帮助读者提升综合能力，从容地面对升学和就业。

本书适用于高等院校环境设计、风景园林等专业手绘教学，适用于相关设计人员，以及热爱手绘的朋友阅读使用，也可以作为考研培训机构等的教学参考。

图书在版编目（CIP）数据

景观设计手绘草图与应用/刘贺明著. —北京：化学工业出版社，2021.10
ISBN 978-7-122-39828-4

Ⅰ.①景… Ⅱ.①刘… Ⅲ.①景观设计-绘画技法 Ⅳ.①TU986.2

中国版本图书馆CIP数据核字（2021）第176633号

责任编辑：张　阳　　装帧设计：王晓宇
责任校对：王佳伟　　封面设计：吕豪杰

出版发行：化学工业出版社（北京市东城区青年湖南街13号　邮政编码100011）
印　　装：凯德印刷（天津）有限公司
889mm×1194mm　1/16　印张13　字数331千字
2021年10月北京第1版第1次印刷

购书咨询：010-64518888　　售后服务：010-64518899
网　　址：http://www.cip.com.cn
凡购买本书，如有缺损质量问题，本社销售中心负责调换。

定　　价：69.00元

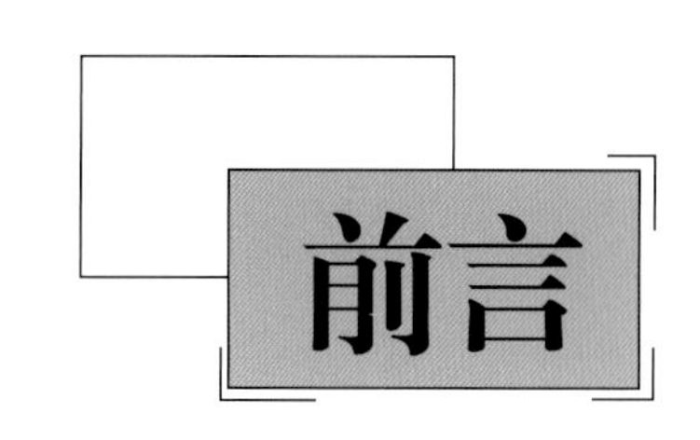

翻开此书，读懂手绘。

今天，设计成为人们生活中的一部分，并越来越为人们所重视，各种设计软件如雨后春笋般涌现，却始终无法比肩手绘在设计中的巨大作用。

景观设计手绘是景观设计创作过程的一种描绘方式，是对设计师思维和灵感的记录，能够把头脑中的抽象思维第一时间转化为可理解的图形语言，构成设计思路。对于景观设计师而言，笔与纸的碰撞是记录与获得灵感最有效的途径。

在实际的设计工作中，手绘能更全面地记录设计思维过程，把设计师的灵感激发出来，对设计方案的调整与深化起到层层推进的作用。同时，手绘是设计师与客户交流沟通最直接、最有效的表达方式，动手勾画草案来表达自己的设计，能让灵感与思路表达更加清晰明了。

手绘设计草图将抽象、模糊的思维形式通过线条语言映射到画面上，使团队之间的协作与沟通更加容易。无论是对空间进行合理的功能划分，还是绘制出景观的布局及细节，手绘草图能帮助设计师们快速地了解空间尺度关系，并进行细节处理。

本书首先对景观设计手绘的各种技法表现与理论知识进行分析讲解，在完成基本理论阐述的基础上，力图贴近实战应用，主要内容包括线稿的绘制、透视技法、着色技巧、项目实战、案例分析等，不仅循序渐进地讲述了手绘表现所需要掌握的技能，还重点详解手绘在实际中的运用，具有较高的行业应用价值。

书中内容包含对考研和就业知识的讲解，并配有大量的实际项目，能让考研路上的学子收获满满，有助于从事景观设计行业的设计者提高自己的手绘设计能力。笔者衷心希望本书能够为读者提供帮助，使读者收获更多有益的技术知识和实践经验。

最后，感谢化学工业出版社，感谢编辑和所有参与者的辛苦付出。希望各位读者能爱上这本书，用心品读。书中如有不足之处，还请不吝指正。

2021年8月

目录 CONTENTS

第一章　初识手绘

第一节　什么是手绘

手绘是设计师的设计语言，是从事设计有关的工作人员用绘图代替笔记，快速、准确地表达设计方案的一种手段。作为设计的基础，手绘是设计师必备的一种技能，广泛应用在景观设计、室内设计、建筑设计等各专业中。

手绘与绘画是有区别的。绘画是一种纯艺术的表达，而手绘是为设计服务的，更加理性和规范性。在设计过程中，通过脑和手互相配合，最大程度地表现设计新思维、新创意。

随着我国现代社会的发展，设计作为重要的组成部分，无处不在。这要求设计师必须具备熟练的设计表现力和创新思维来辅助设计工作，以便提高设计质量和效率。手绘在设计中扮演着重要的角色，设计者在随手勾勒的过程中可以获得更多的设计灵感，从而将创意表现在设计中。这是电脑绘图无法取代的。手绘是设计师灵感与思维的记录与推敲，是一种最直接、最自由的方式。设计师通过这种简单的方式来传达构思，沟通设计，解决设计中的问题。

▲ 公园一角

手绘图能体现设计师艺术素养和表现技巧的综合能力，它以自身的独特性、艺术感和丰富的表现力向人们传达设计的思想、理念以及情感。

▲ 游园一角　　▲ 水景景墙

第二节　手绘的应用及其目的

在景观设计中，手绘草图贯穿整个景观方案设计过程，从前期的项目解读、方案草稿、团队交流、设计定稿、施工阶段到最后的成果，手绘都起着重要的作用。设计者利用手绘灵活多变的形式，创作出合理而完美的设计作品。

手绘能够清晰地表达设计内容、空间关系、景观形式等，能用灵活自由、简明扼要的表现形式传达设计。

手绘在景观设计中的应用

手绘草图表达的是设计师瞬间的灵感，记录着设计产生的过程。设计师在随手的勾勒中可以激发想象力，汇聚灵感，有利于设计方案的产生和发展延续。设计者结合这些草图创意，将细部深化，从而完成方案草图的绘制，在草图的基础上将景观内容细节化、具体化，进而扩充为深化设计方案。

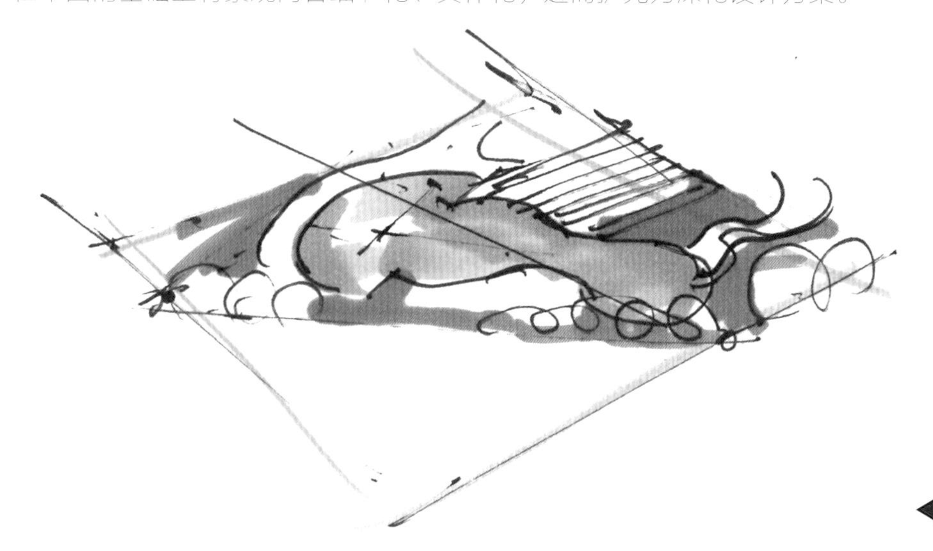

◀ 方案草图

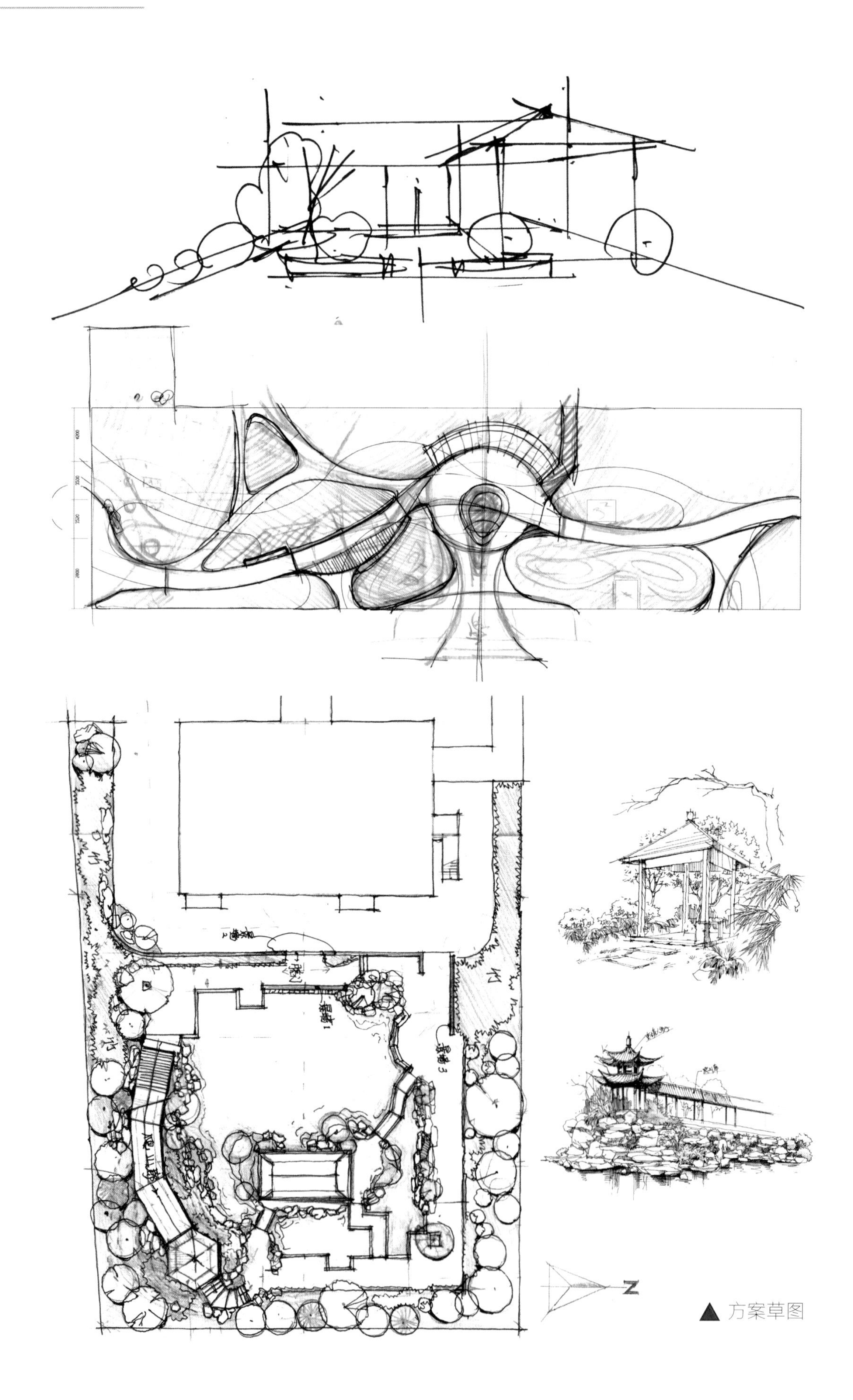

▲ 方案草图

在实际的景观项目中，设计者常常结合手绘草图理解空间，推敲空间，用表现效果图来展示设计的空间感、尺度感、设计感。同时，利用效果图对景观材料质感、地形、光影变化等方面进行详细的绘制，并且赋予画面丰富的表现力。

▲ 方案草图

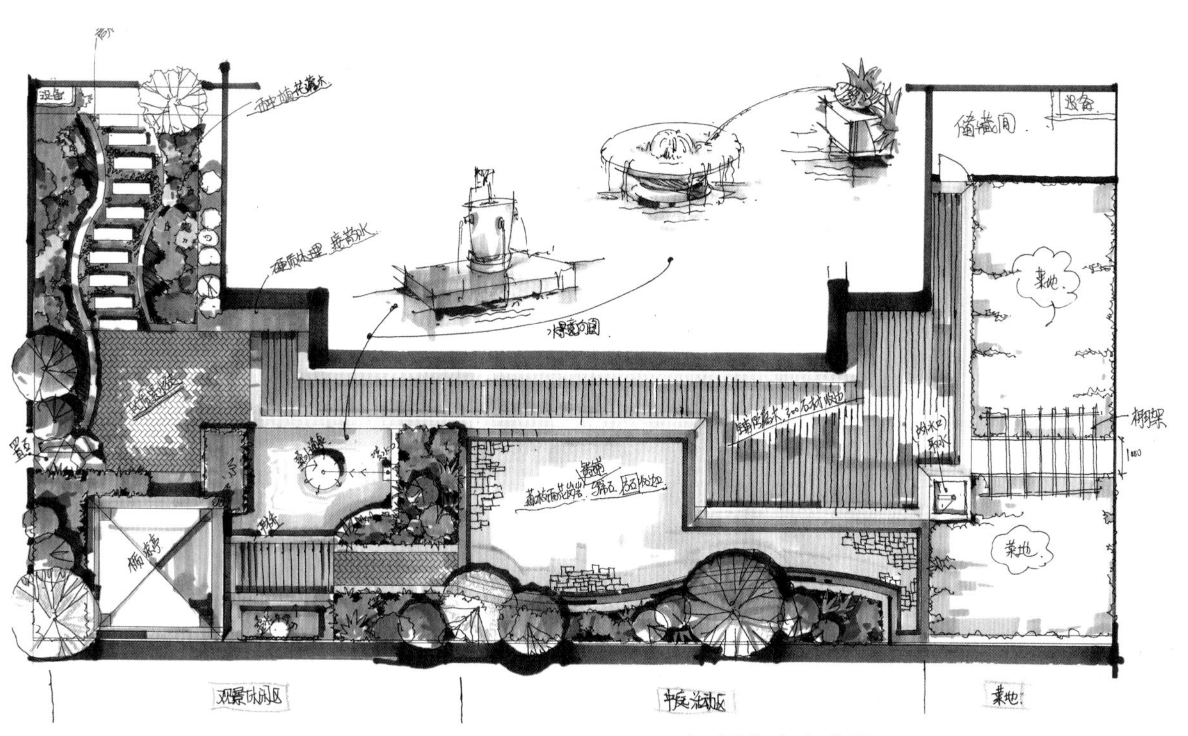

▲ 深化方案草图

注意：

在绘制手绘图时，重点注意道路、种植、竖向设计、现状处理、停车场、水体、户外活动场地要按照相关规范进行规划设计。

手绘在景观设计中的目的

景观设计中对于手绘的运用是最广泛的。景观手绘制图是设计师对方案进行自我推敲的一种方式，有利于对空间造型的把握和对整体设计的进一步深化。

对于方案，设计师应该具备过硬的手绘表现力和发散思维，以利于对设计空间的掌握和草图的绘制，从而为设计构思和空间推敲打下基础。景观设计大部分以团队的形式来思考和解决问题，作为设计团队的一员要有徒手绘制的能力，这样才能够与团队人员相互交流，将合理性建议落在纸面上。另外，如果你掌握了熟练的手绘技能，在与甲方汇报交流的过程中，可以利用自身的手绘优势，快速勾勒出设计空间，使甲方一目了然，既直观又节省时间，这样更易得到甲方的认可。

总的来说，手绘的最终目的是通过熟练的表现技巧，来表达设计者的创作思想。

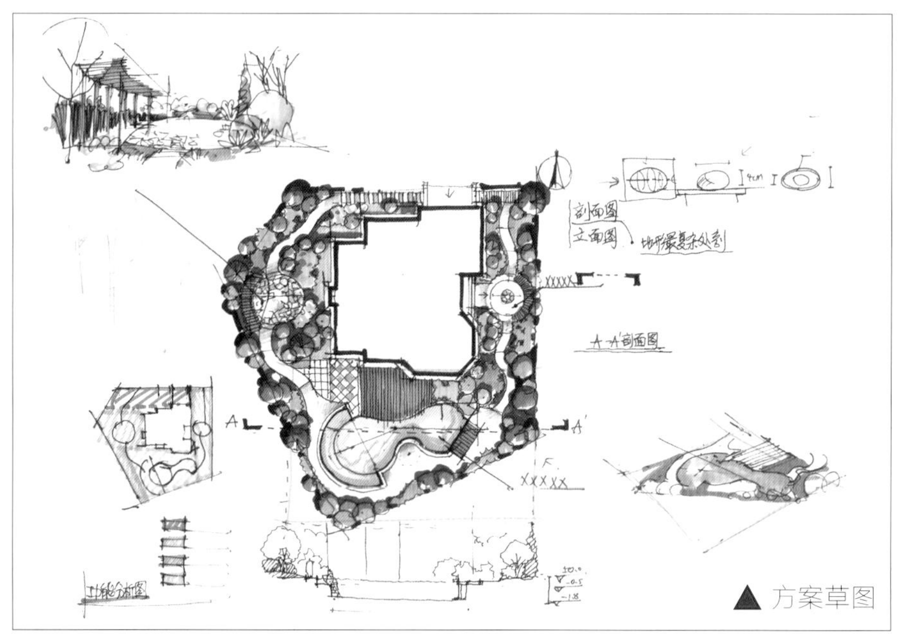

▲ 方案草图

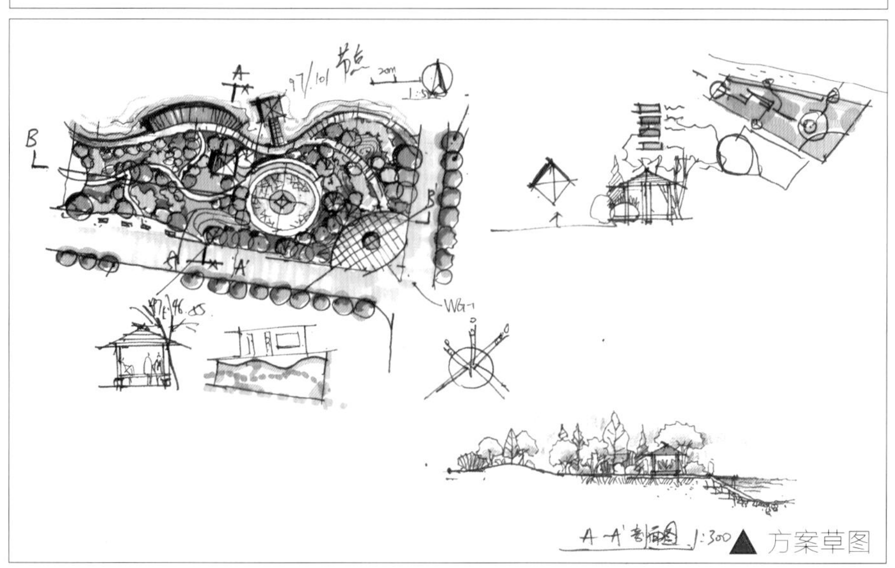

A-A'剖面图 1:300 ▲ 方案草图

第三节　手绘的重要性

景观设计行业发展迅速，无论是在设计理念、工艺手段，还是在设计表现的技巧上都不断发生着变化。而手绘是优秀设计师要具备的基础技能。因为图像比单纯的语言文字更富有直观的说明性，所以设计师在表达设计意图时，可以通过平面草图、透视图、概括鸟瞰图等快速地表达设计思想。尤其是赋彩表现图，更能充分地表达设计作品的形态、结构、色彩、质感等，具有较强的直观性。

相对于电脑软件来说，手绘的表现更加灵活多样，所表现的内容丰富自然，还可以快速地表达设计师的思维构思，方便直接进行交流探讨与方案修改。尤其是对于软景的绘制，电脑相对拘谨，不如手绘自然、灵活，所以手绘一定是设计师必备的技能。

▲ 居住区景观

▲ 公园一角

第二章　前期准备

第一节　工具介绍

手绘效果图的表现方式有很多种，按具体使用工具的不同可分为：水彩表现、水粉表现、彩色铅笔表现、马克笔表现、综合技法表现等。每种表现方式都各有不同。马克笔表现方便快捷，没有裱纸和调和颜色等琐事，最为设计师所常用，并且携带方便，易于保管。

手绘效果图可分为两种，一种是用尺规作图，另一种是徒手勾图，抛弃直尺，直接用墨线勾线。两者比较而言，前者是后者的基础，后者是前者的升华；前者借助直尺求透视，准确，较易掌握，但花费的时间比较多，后者省时，快捷，但需用很长时间来培养三维立体思维能力。

绘图笔

一、铅笔

铅笔是绘画领域中一种最常用的工具，根据铅笔硬度的不同，从软到硬分别为H（硬性）、HB（软硬适中）、B（软性）三种不同的硬度。由于铅笔硬度有变化，在绘制时，线条的颜色深浅也随之变化。在手绘表现中，一般使用2B铅笔。

注意：

为了防止尖锐的笔头伤人，新型的石墨铅笔往往会配有笔帽，但是大多数是没有笔帽的，大家在使用时一定要注意安全。

二、自动铅笔

自动铅笔是一种使用方便的绘图工具，省去了削铅笔的程序。并且，自动铅笔的铅芯也同铅笔一样拥有不同的硬度，且可以替换。它在手绘表现中的使用越来越广泛。

注意：

自动铅笔虽然使用起来方便，但不能完全代替铅笔。铅笔在使用技巧和方法上要高于自动铅笔。

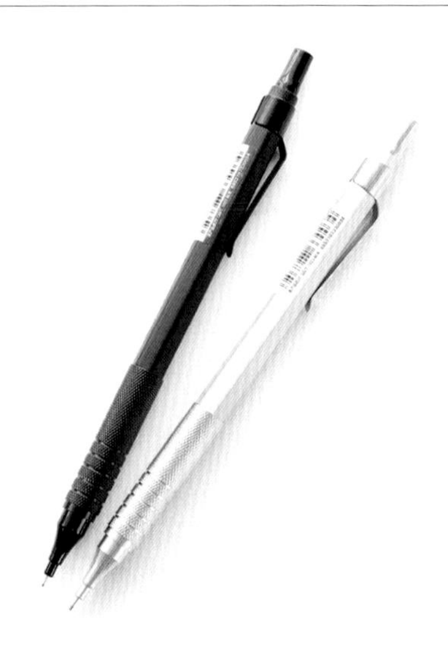

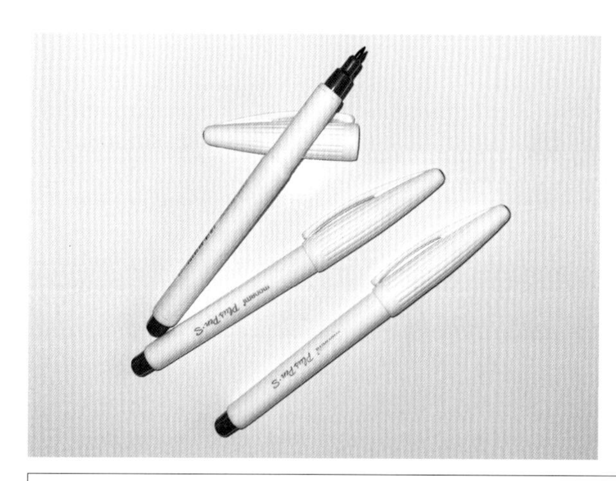

三、勾线笔

勾线笔在手绘表现中使用比较广泛，一支笔就足以满足线条的粗细要求。其绘制效果介于钢笔与针管笔之间，使用方便、快捷。左图为勾线笔。

> 注意：
>
> 勾线笔的价格相对适中，适合大众的需求。使用完勾线笔后，应及时将其笔帽盖上，以免晾干笔墨。

四、针管笔

针管笔是市面上比较流行的一次性绘图笔，其拥有不同规格的笔头，使用起来更加快捷。针管笔具有绘制精细、速干的效果，常常用于专业图纸的绘制。

> 注意：
>
> 在绘图时尽量保持笔身与纸面垂直，才能够画出均匀的线条，切勿断断续续。

赋彩工具

一、彩铅

彩铅是指一种由非石墨制成的绘图铅笔，种类繁多，颜色丰富，是深受大众喜爱的上色工具。

彩铅一般分为两类：一类是水溶性彩铅，可以使用毛笔将彩铅溶解于水中，呈现透明的效果；另一类是不溶性彩铅。不溶性彩铅又分为干性和油性两种。两者的区别在于干性彩铅笔触容易被擦拭掉，油性彩铅笔触不容易被擦拭掉。右图为干性彩铅。

用彩铅上色时，用笔力度要尽量大一些，保留笔触。

> 注意：
>
> 初学者刚刚接触彩铅上色时，建议选择不溶性彩铅，易于掌握。等对彩铅的基本技法熟练之后，再尝试用水溶性彩铅进行绘制。

二、马克笔

马克笔是在赋彩时最常用的一种工具，其特性是易挥发、使用方便、色彩明快、效果直观。根据笔芯的成分可分为水性马克笔、油性马克笔和酒精性马克笔三种。

水性马克笔的颜色具有透明感，颜色通过多次叠加后会变灰，而且容易对纸面造成损坏。

油性马克笔具有耐水、耐光等特性，颜色比较柔和，可以多次叠加。

酒精性马克笔拥有速干、环保等特点，可以在任何光滑表面进行绘制和书写。

马克笔的笔头也有不同的型号，根据笔头的形状在手绘表现中灵活地变换笔尖方向可以绘制出不同的画面效果。

注意：

1. 马克笔的笔头多样，要熟练掌握运笔技巧，灵活运用。

2. 在使用马克笔上色时要注意颜色的搭配以及颜色的覆盖，以免使画面变脏，影响效果。

三、色粉笔

色粉笔是将颜料粉末经工艺加工制作而成的干粉笔，其形状一般为圆形和方形。

色粉笔颜色丰富，但绘制在纸上时不易固定，在手绘表现中常作为辅助工具来用，用于局部的调整。

色粉笔在使用时大多结合擦纸使用。

注意：

在保存时要注意，色粉笔类似于粉笔，容易被折断。用色粉笔绘制完成后，需要对画加以固定，以免颜色散落。

四、涂改液与高光笔

涂改液的使用方法是，用白色不透明的颜料将错误的线图覆盖后，重新绘制。在手绘表现中也可作为高光来用。

与涂改液类似的还有高光笔，不过高光笔只用来提高画面局部的亮度，往往用于玻璃、金属、水面的亮部，以加强质感。右图为涂改液和高光笔。

> 注意：
>
> 在使用完后，记得及时将盖帽盖上，以免凝固。绘制时，用笔速度要慢，以保证流畅。

绘图仪器

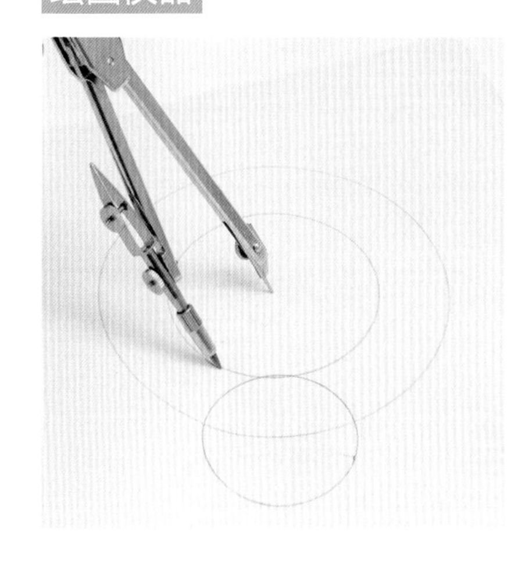

一、圆规

圆规作为辅助工具，在景观手绘中常常用于圆和弧的绘制，它能使所绘图形更加准确精准。

> 注意：
>
> 1. 圆规两脚之间的高度要一样。
> 2. 画圆的过程中两脚距离（即半径）不能改变。
> 3. 绘图时注意安全，以免针刺到手。

二、尺子

尺子在手绘中是最常用的一种辅助工具，同时也是测量工具。尺子有很多种：平行尺、模板尺、蛇形尺和比例尺等，往往能辅助绘图者绘制出更规范的图纸。右图为平行尺。

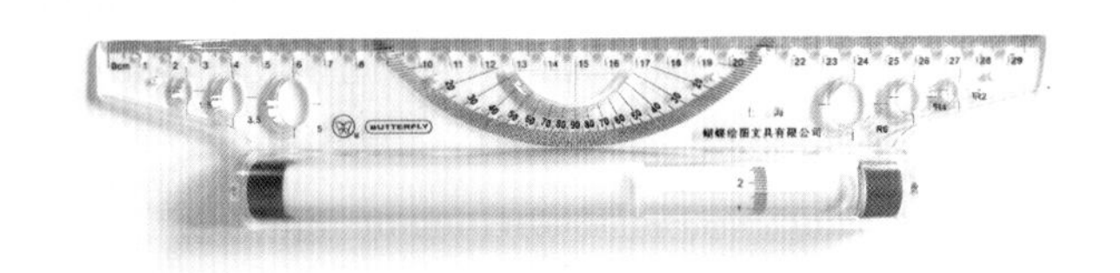

绘图纸

一、普通打印纸

打印纸是我们最常见的也是使用更广泛的纸。其规格有A0、A1、A2、A3、A4、A5等，具有吸墨性好、不透印的优点。

在景观手绘中，我们经常用到的是A3或A4的打印纸。这种纸厚度适中，适合手绘的绘制。

> 注意：
>
> 纸的质量有好有坏，在购买时最好选用80g的纸张，以免上色后纸张发皱影响画面的效果。

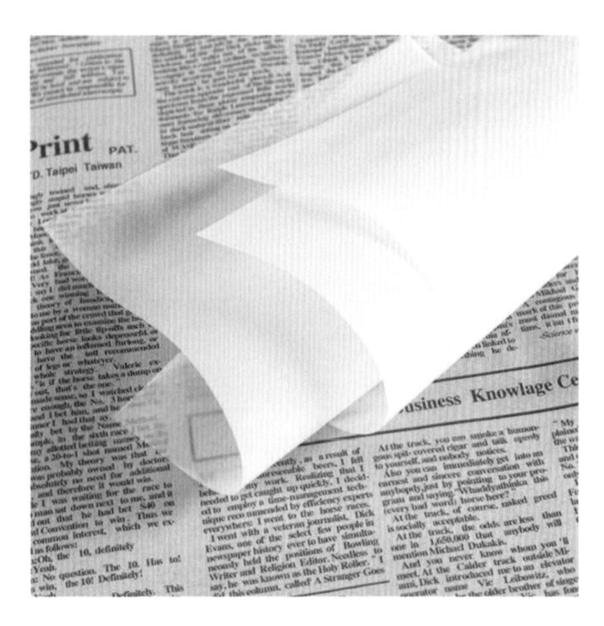

二、硫酸纸

硫酸纸，又称制版硫酸转印纸，主要用于印刷制版业，具有纸质纯净、强度高、透明好、不变形、耐晒、耐高温、抗老化等特点。在景观手绘中，硫酸纸的应用越来越广泛，因为在硫酸纸上绘制有很高的透光性，能够使画面的颜色更加透亮。

> 注意：
>
> 相对于白纸，硫酸纸在上色时色度会降低，效果不强烈。在使用水性和酒精性马克笔时，为了防止线稿被盖掉，选择从纸的背面上色，而油性马克笔正反都可以进行绘制。

三、拷贝纸

拷贝纸又称草图纸，具有较高的物理强度，透明度较高，表面具有细腻、平整、光滑、无泡泡纱的适印性。拷贝纸质量轻，颜色为半透明，具有良好的耐磨性、耐水性和吸墨性。

在手绘中更多地运用于草图、描图阶段。

第二节　姿势介绍

一、握笔姿势

与写字的握笔、用笔姿势不同，在手绘绘制时，对于如何握笔、用笔有一定的要求，但由于个人习惯和工具的不同，很难有一个规范。

握笔时注意手距离笔尖的距离不宜太近，大概控制在3~4cm即可，避免手遮挡视线，影响绘图，笔尖与纸的夹角控制在30° ~40°左右。并且绘图时要注意胳膊关节的夹角不宜过小 。

> 注意：
> 在实际的手绘过程中，要根据情况灵活地运用手中的笔，熟练掌握运笔的技法、技巧。

二、坐姿

在熟悉握笔和用笔姿势的前提下，正确的坐姿也是画好手绘的基础。在进行手绘绘制时，需要挺直腰，身体略微靠前，与纸面保持平行，保证作图时线条在视线中央，避免线条歪斜，同时眼睛与画面保持一定距离，以更好地把握整体画面。

第三章　基础训练

第一节　线条训练

线条在手绘中占有主体地位，线条的流畅性和准确性直接决定了手绘作品水平的高低。所有手绘作品都以勾勒框架结构和轮廓为第一步，勾勒线稿时不仅要对透视原理熟练把握，同时丰富、变化线条也会使手绘设计作品变得更具艺术欣赏性。

在线条练习中要注重线条的起笔、收笔、力度以及流畅性，用不同的线条表现出物体不同的质感。同时，切忌对一条线重复勾描，勾线时不能过于急躁。初学时从稳入手，以慢为主，稍熟练后可加快速度，力求线条的流畅和力度。

线条运笔训练

在运笔过程中需要保持运笔的节奏，下笔时要准确，走线时要果断快速，不要犹豫。运笔时需要保持手与笔同时运动，手部需要放松，不能过于紧张，握笔时也是同样的道理，这样才能画出放松、流畅且明确的线条。

快速线条

抖走线

在线条训练中，可以选择两种线条练习方式，一种是快速线条，另一种是抖走线。

练习快速线条，对笔法的要求比较高，需要稳、准、快并且放松。而抖走线，顾名思义就是线条具有一定抖动感，这需要在直线轨迹的基础上完成。绘制抖走线相对于快速线条速度可以稍慢一些。

一、直线训练

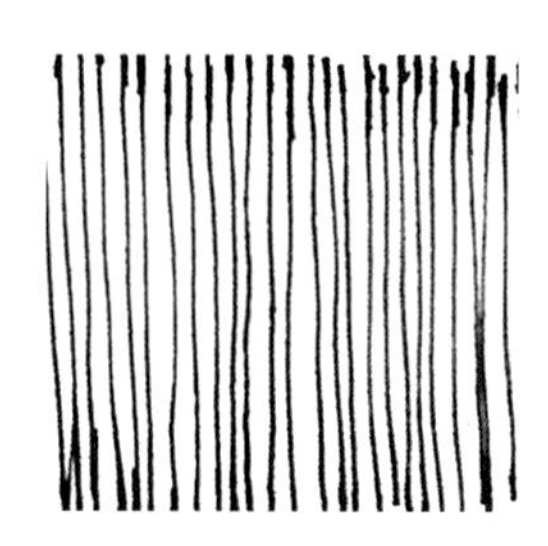

二、曲线训练

画曲线过程中，运笔一定要稳，弧度较大、较复杂的曲线可以用定点连接的方法去画，整体线条流畅即可，如绘制自然的曲线道路等。

三、方向训练

线条的训练在于表达设计相关信息的准确性，以及成图的可欣赏性。在线条训练中要把握对力度的控制。所谓力度控制是指能感觉到笔尖在纸上的力度，要掌握自如，欲轻欲重，做到随心而动。在训练过程中应该是比较轻松愉快的。只要多画，画到线条能控制自如，能自由掌握起笔和收笔的“势”，也就是我们平时常说的线条比较“老练”了。

四、定点画线练习

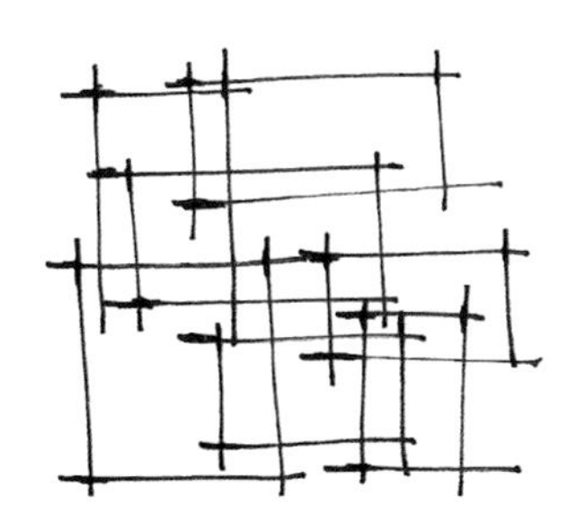

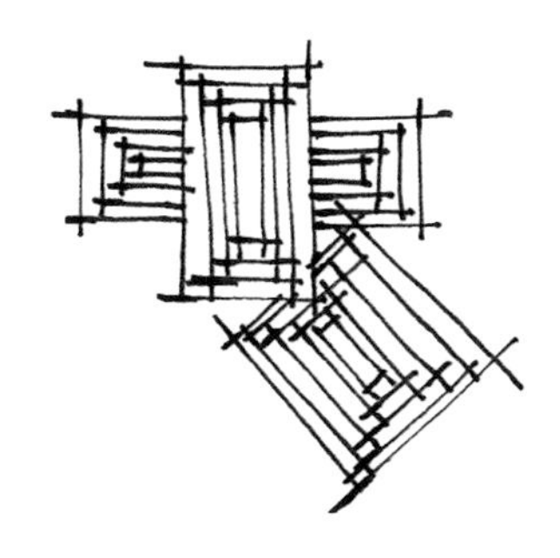

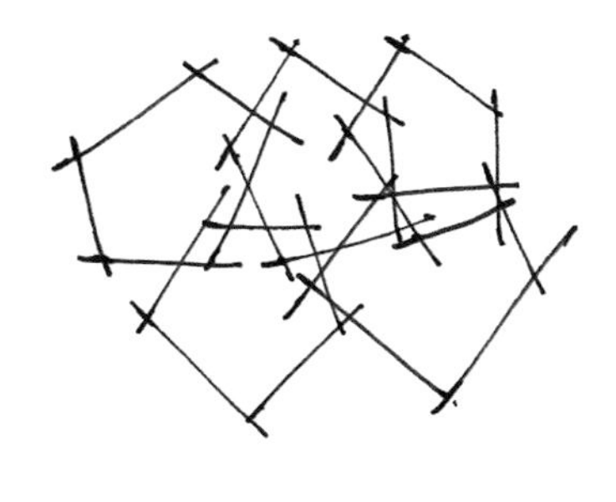

定点画线练习是用两点连线的方法，练习规定方向的线条，可以结合一些平面形态练习中对线条的控制能力进行练习。

五、长度训练

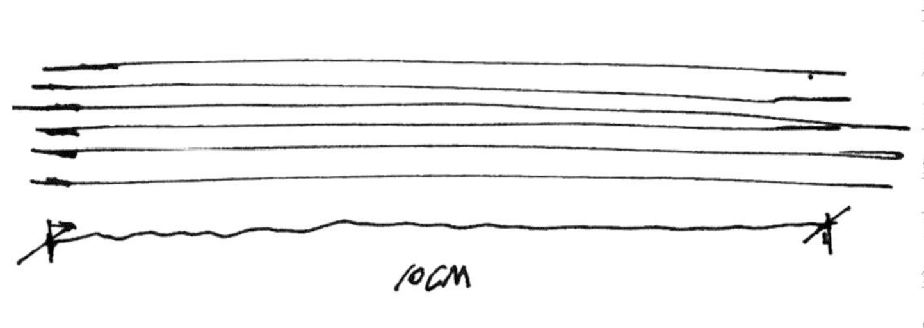

在画长快线时，起笔前就要考虑好起始点和终止点，然后在两点之间画出一道肯定的直线，注意起笔和收笔时的用笔方式，要肯定、果断，这样可使线条更加明确、干练。起笔与收笔是为了让线条画得更完整，有始有终，并非为了形式而做作。

六、慢线练习

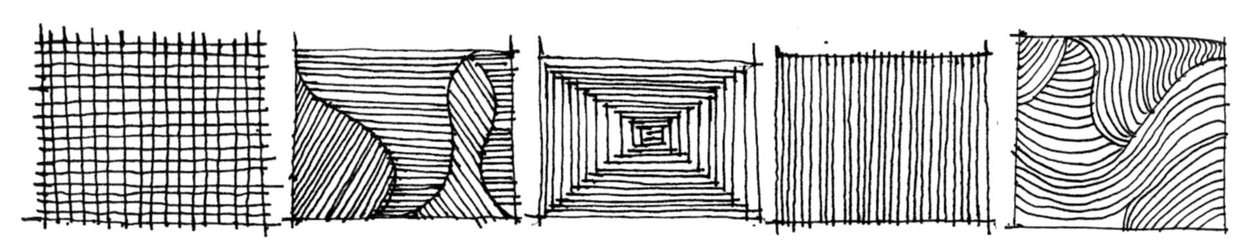

在画慢线时，起笔前同样要考虑好起始点和终止点，放慢速度，匀速画出慢直线即可。相比于快线，慢线更加柔和且有律动感。注意画的时候不要太用力，保持手部的自然抖动。慢线并不等于曲线（波浪线），而是要在曲中求直，保持均衡的动态，整体是小曲大直。

线条练习的通病

在进行线条练习时，会经常出现如线条方向偏差较大、线条不流畅、无起笔收笔等通病。

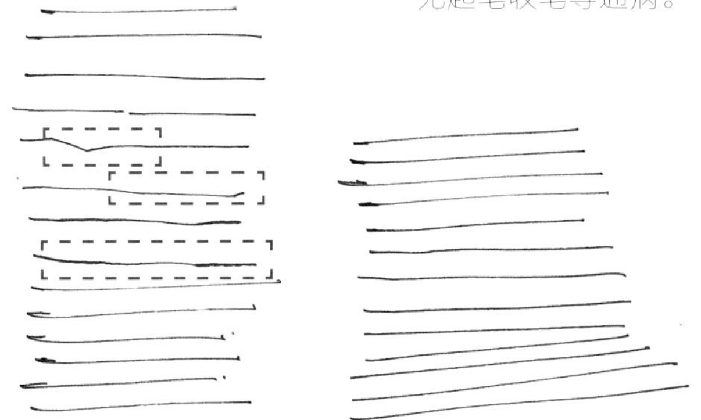

注意：

1.画快线和慢线时，都要注意“意在笔先”，先想好要画出怎样的线，之后再下笔。

2.运笔时注意起笔和收笔，画线做到有始有终。

3.绘制线条时运笔肯定，切忌反复描线。

第二节 体块训练

体积是手绘表现技法中非常重要的一个方面。在对物体进行研究刻画时，首先很重要的一点就是对物体进行体块概括，这样既有利于表达物体的比例结构，也有利于表现物体的体积。结合调子的体块可以强化物体的体积感，加强体积意识。

方体

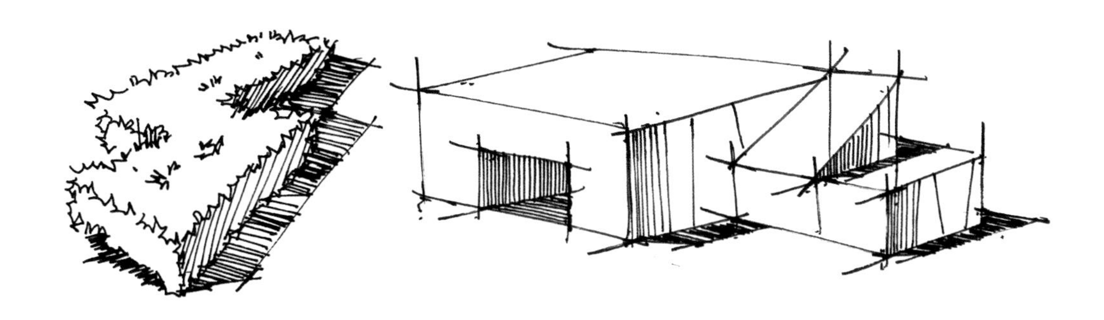

从形体总体出发，对原物体进行简化，省去烦琐的细枝末节，以形成简单的几何形状。首先是抓住它的平面形，是方、圆，还是角；再看它的体积特征，是属于立方体、球体，还是柱体。

锥体

我们手绘的物体都是立体的，最基本的物体形态是立方体、球体、柱体与锥体。手绘起步可从这四类形体出发，去研究物体构成的基本因素和形体塑造的关系。

球体

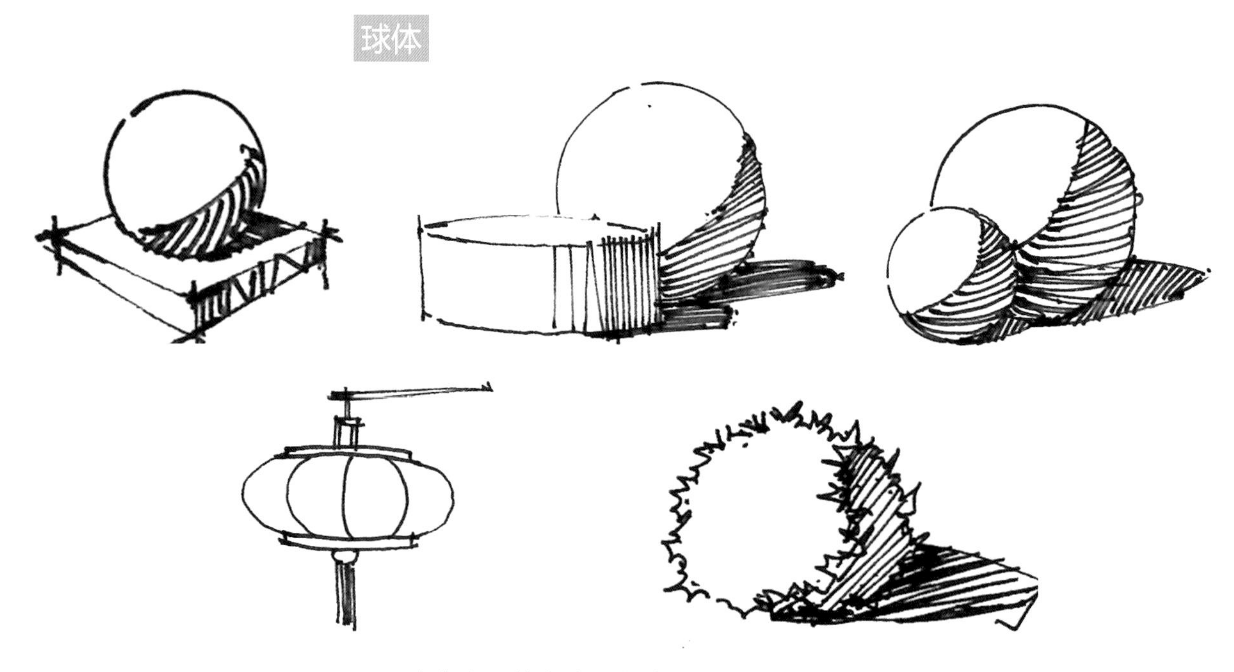

球体在手绘当中会经常运用，通过其组合形式来训练，可以提高对线条准确度的把握。

柱体

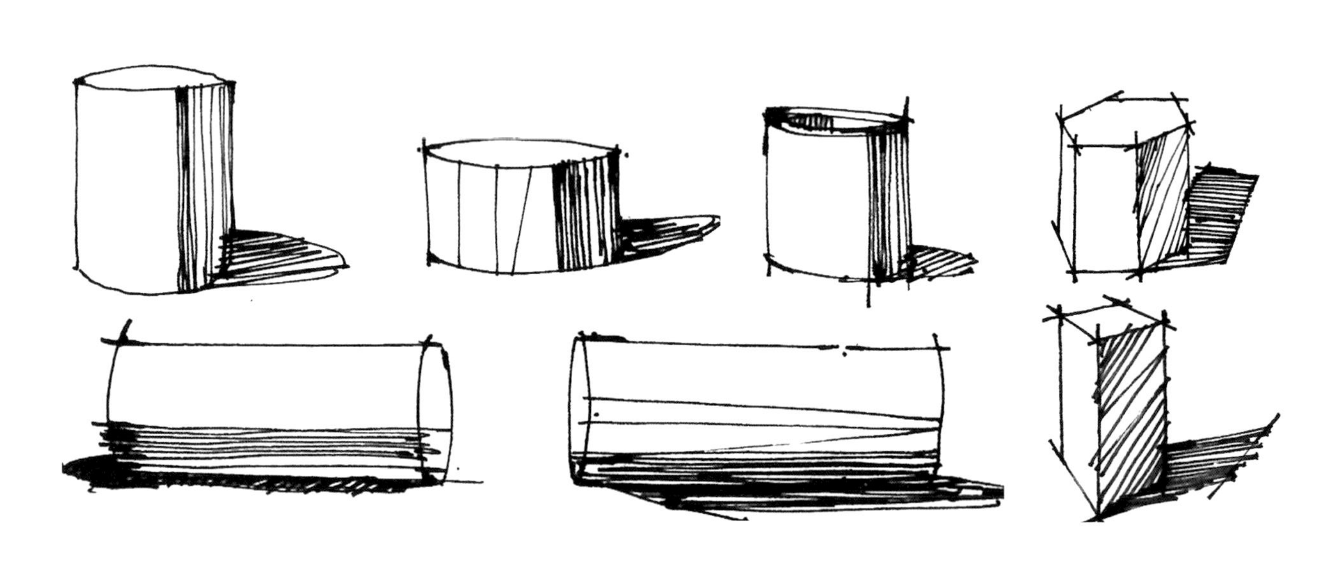

长方体、圆柱体是各种复杂形态物体的基础，通过学习了解物体的形体从而掌握物体的特点，可以培养设计师手绘形体的能力。

体块组合

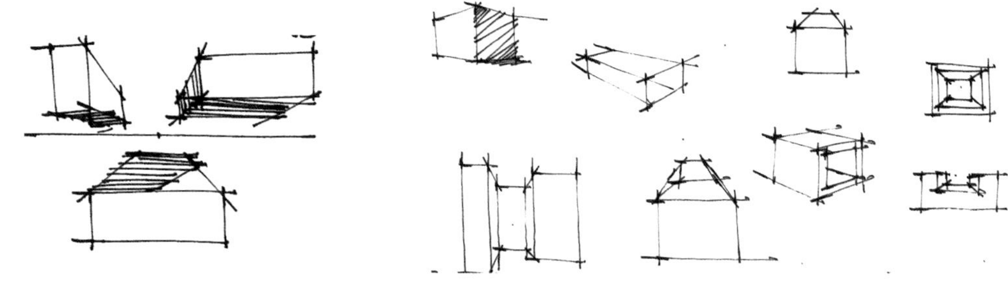

不同高低的视平线会有不同的效果，对画面视角起着支配作用。另外，很多同学比较容易把物体的顶面画得很大，于是就会给人以俯视图的感觉，导致视角不好看。绘制时，更重要的是要把各个视角的转换图表达出来。

第三节　光影训练

体块与光影的关系

① 光源的强弱，光源越强，受光面越亮，反之则越暗。

② 物体与光源距离的远近，越近越亮，反之则越暗。

③ 物体与光源照射的角度，成直角时最亮，角度越小则越暗。

④ 作画者与物体间的距离，物体与作画者之间，距离近的清晰，反之明暗对比弱，清晰度低，相对比较灰。

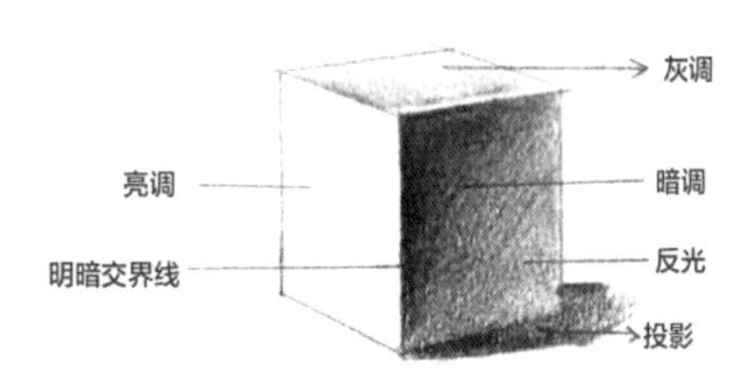

单线排列表现明暗

单线排列是画阴影时最常见的处理手法，从技法上来讲只需要把线条排列整齐就可以，注意线条的首尾与物体的边缘线相交，线条之间的间距尽量均衡。

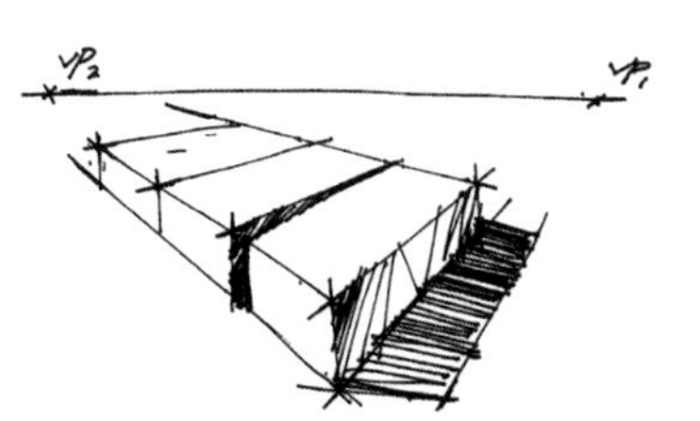

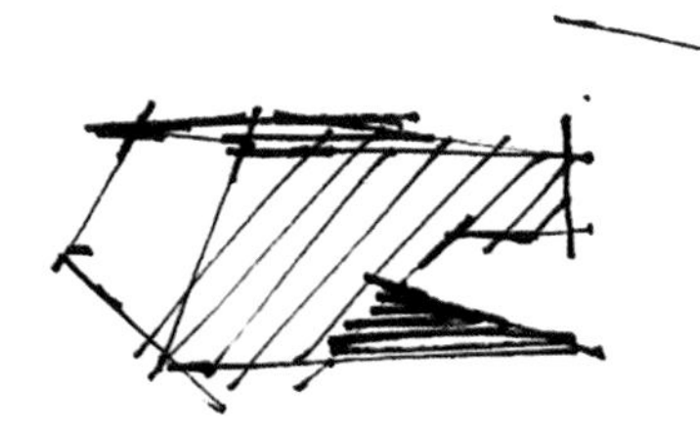

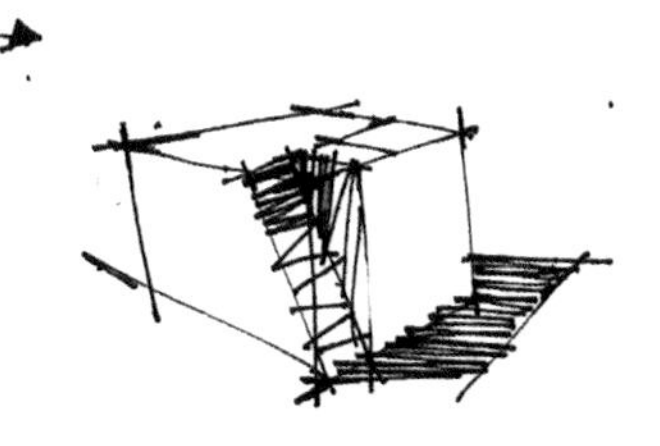

当光影与体块在景观手绘当中具体运用时，要考虑整体的明暗关系，不要一味地加深某些局部景物的光影与体块，使其不协调，要从整体考虑每个景物的光影与体块的明暗程度。

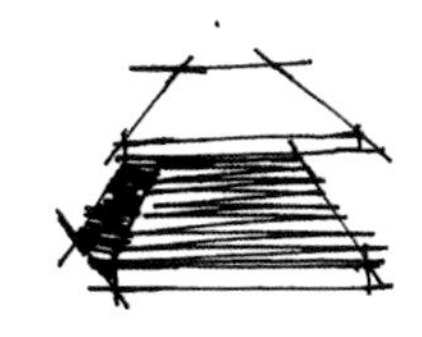

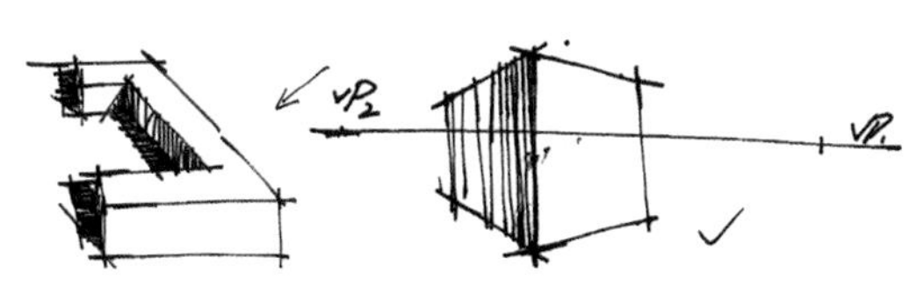

第四章　实用透视与构图

透视，在各个领域应用得都极为广泛，从景观到建筑、从绘画到雕塑，等等，而且透视也与我们生活息息相关，因为透视学使我们能更容易感受到三维空间的效果。如果要想体现三维空间，那么就要有高、宽、纵深的概念，一般绘画作品只会体现高与宽的概念，如果想把纵深的深度表现出来那就需要用到透视的学问。透视可以将三维空间简洁而又明确地表达出来。

在学习透视的初期，许多人对于简单的透视线、物体透视等训练会感到枯燥无味甚至头疼，但往往这些乏味的东西都是最重要的知识点，对于后期学习和提升会起到很大的作用，因为一幅好的手绘作品是在整个场景及物体的大透视正确的框架上完成的。

本章节从简单的透视入手，慢慢深入讲解关于实用透视的要点以及绘制过程中容易出现的问题，使透视以及透视的使用更容易被理解与学习。

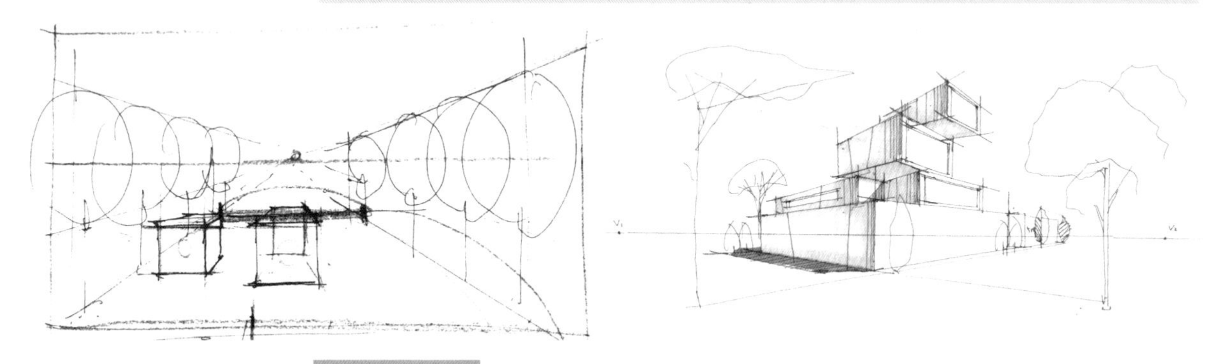

什么是透视

透视是绘画理论术语。“透视”一词来源于拉丁文“perspclre”（看透），指在平面或曲面上描绘物体的空间关系的方法或技术。

透视学即在平面上再现空间感、立体感的方法及相关的科学。狭义透视学（即线性透视学）方法是文艺复兴时代的产物，即合乎科学规则地再现物体的实际空间位置。18世纪末，法国工程师蒙许创立的直角投影画法，形成了正确描绘任何物体及其空间位置的作图方法，相应的透视学研究对象为：

① 物体的透视形（轮廓线），即上、下、左、右、前、后不同距离形的变化和缩小的原因。

② 距离造成的色彩变化，即色彩透视和空气透视的科学化。

③ 物体在不同距离上的模糊程度，即隐形透视。

总结来说，透视就是透而视之。在现实生活中，当人们站在路中央，会感觉随着距离的远近，周围的建筑及树木等肉眼所看到的景物的大小、高低、冷暖等都不同。在距离不同的前提下，空间越深，透视越大。同样大小的物体，也会因视点与物体远近距离的不同而产生大小变化。这就是我们通常所讲的近大远小的透视变化规律。

我们将三度空间的景物描绘到二度空间的平面上，在平面上得到相对稳定的立体特征，这就是“透视图”。透视图一般分为一点透视、两点透视、三点透视三类。

空气透视

空气透视是指在画面中通过模仿空气的效果来体现画面中的纵深感，是由于大气及空气介质（雨、雪、烟、雾、尘土、水汽等）的存在使人们看到近处的景物比远处的景物清晰度高的视觉现象。空气透视也被称为色彩透视，顾名思义，有空气的存在就会有颜色的变化，而空气的薄厚也与颜色变化有着直接的关系。近处的物体会显得颜色鲜艳饱满，反之，远处的物体则相对于近处的物体会增加灰度。

线条透视

线条透视（linear perspective）是指平面上的物体因各自在视网膜上所成视角的不同，从而在面积的大小、线条的长短以及线条之间距离的远近等特征上显示出的能引起深度知觉的单眼视觉线索。近处对象占的视角大，看起来较大；远处对象占的视角小，看起来较小。这就是我们常说的画面中的物体关系近大远小、近宽远窄。线条透视是最好掌握也是最直观的一种透视方法，下面展示几个典型的线条透视场景。

第一节 实用透视的常用技巧

在手绘设计中，透视是绘图的基础，是一幅手绘作品创作的骨架，是展现画面空间感最主要的手段。没有透视支撑的整幅画，即使笔法再熟练，或者颜色再鲜亮也是徒劳。简单来说，不会透视，或者对透视知识一知半解，根本就谈不上手绘设计创作，只能做做抄照片的事。

想要学好用好透视，必须经过系统学习和实战透视应用练习才能掌握。

必须知道的透视名词

① 基面：承载物体的水平面。
② 画面：透视画面。
③ 视点：视者眼睛所在的位置。
④ 视距：视点到画面的距离。
⑤ 视平线：眼睛与水平线平行扫描的轨迹。
⑥ 灭点：也叫消失点。
⑦ 足点：站立者与地面的交点。

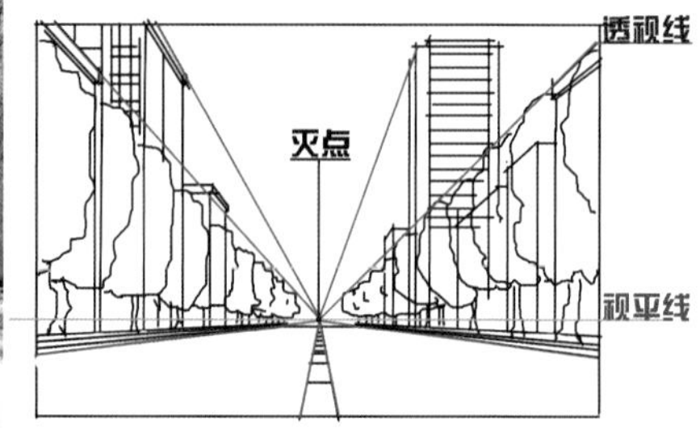

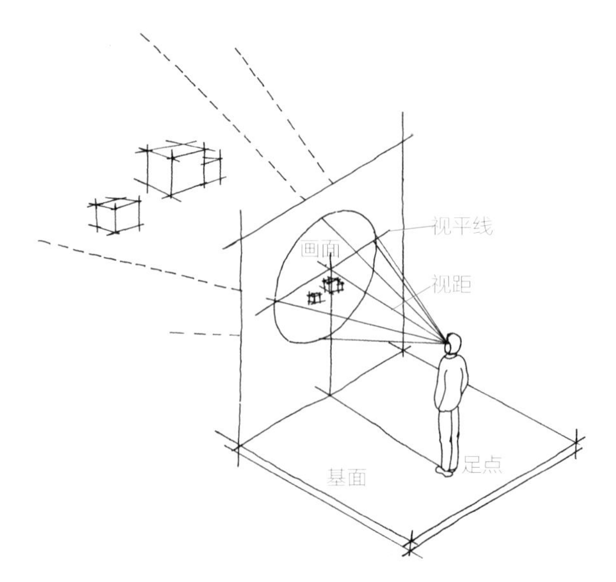

一点透视（平行透视）

物体的一个面与画面平行，其侧面及水平面与画面垂直（物体只有一个消失点，所有的水平线都绝对平行且水平，竖线都绝对垂直，所有透视斜边都找一个消失点）。

因为一点透视的所有水平线都是平行状态，所以也叫平行透视。一点透视也是透视知识中最容易理解的一个透视关系。但是由于一点透视除了透视斜边与灭点相交外，其余所有线条都基本处于平行关系，所以一点透视的画面冲击力相对较弱。

一、认识正一点透视

通过下图认识和把握一点透视（平行透视）灭点和透视线。

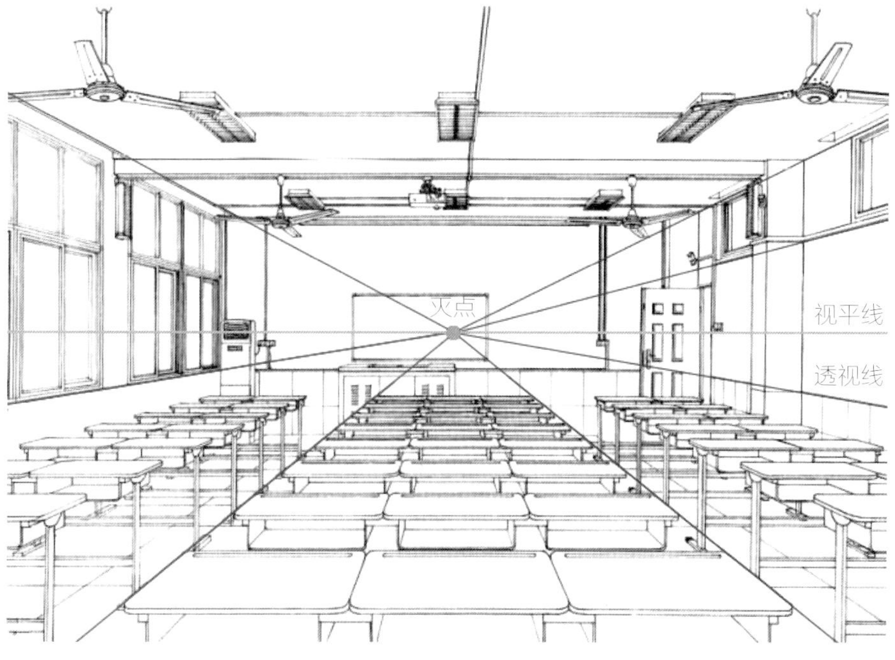

二、一点透视分析解读

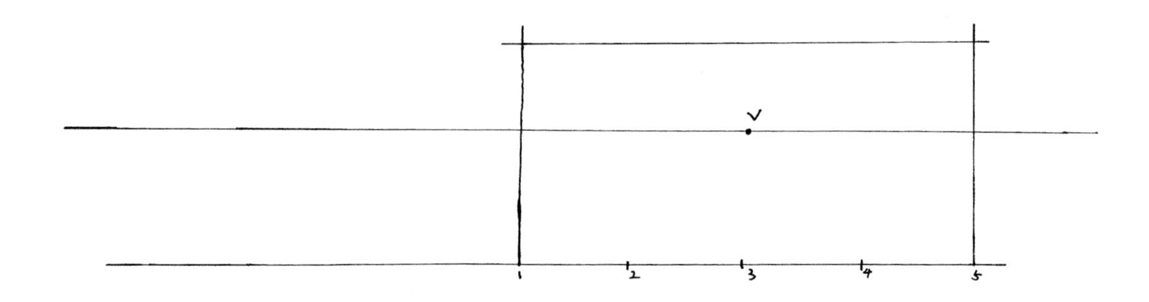

① 确定一条直线，以直线为底边，画出一个3 ： 4的矩形。

② 将底边平分四份，得到1、2、3、4、5五个点（一格视为一米）。

③ 取矩形底边中点，即3号点，垂直向上1.6米（一般人视平线高度）得到消失点V。

④ 沿V点画出与底边平行的线得到视平线。

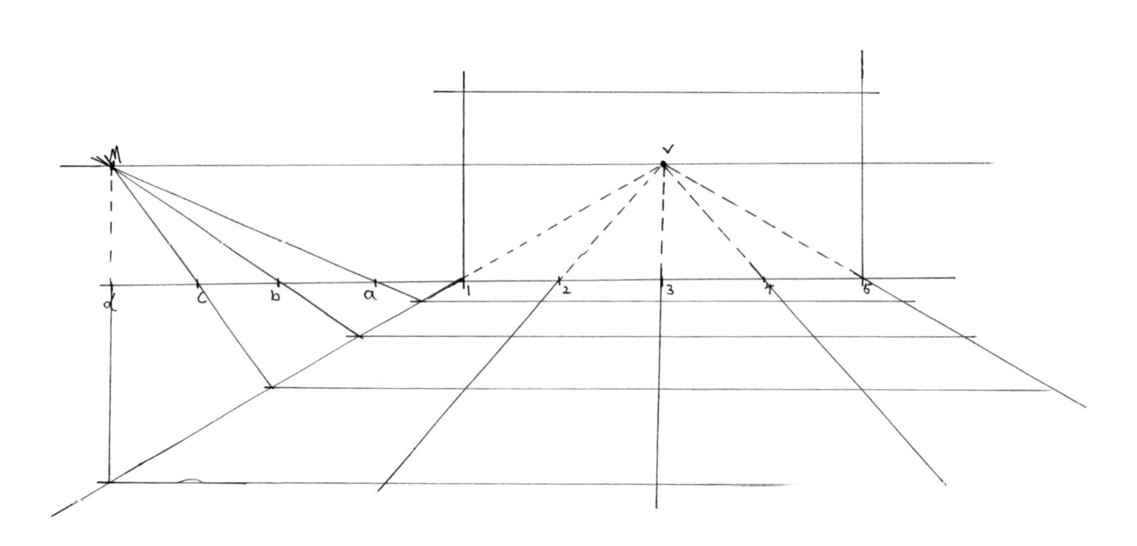

⑤ 用V点连接1 ～ 5点，得到地格纵深的线条，即透视线。

⑥ 沿视平线，在矩形左侧，取矩形整长，得到M点。

⑦ 将1 ～ 5点等距沿底边向外复制得到a、b、c、d四个点。

⑧ 用M点连接a至d四个点并延长至V-1边线上，得到四个点，沿四个点画出与矩形边线相平行的四条线，大家就能看到平行透视1m × 1m的地格透视图。

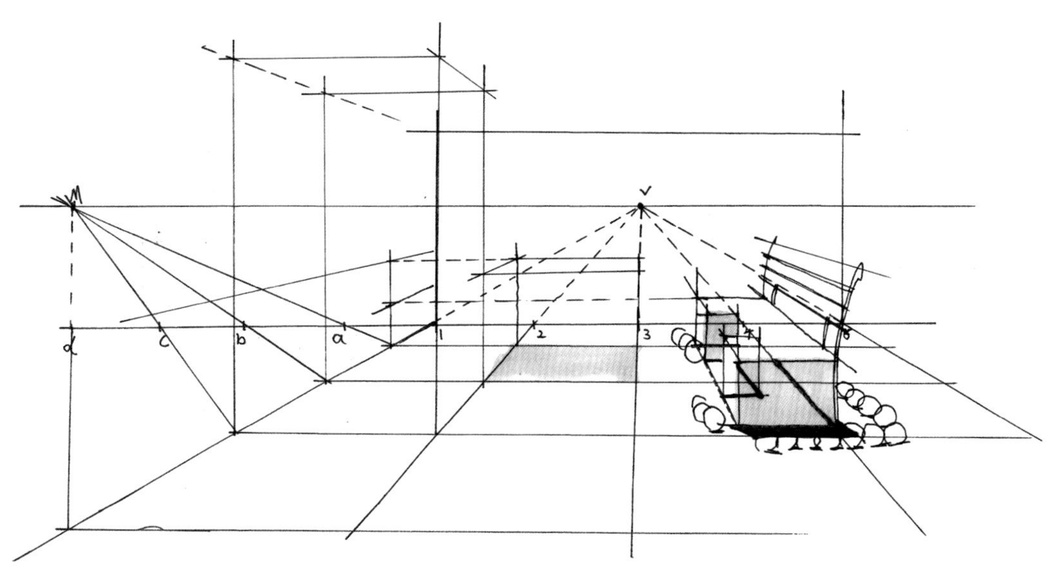

① 在地格基础上，可以加深练习，画出一个 1m × 1m 的方体。

② 取一个地格，视为方体的底面，沿地格四角画出方体垂直的线（注意垂直线要与地格横线等距），垂线顶端与 V 点相连得到方体顶面透视边线，再沿着方体后垂直线找到顶面后边线，这样就得到了一个边长 1m 的正方体。

③ 同理，想要表现坐凳第一步先确定坐凳的地格，高度确定后顶面沿着透视线画出，最后再将材质表现出来即可。

三、一点透视基础训练

一点透视最大的特点就是与画面平行的一个面上的线横平竖直，斜边，即透视边，都消失在一个点上。围绕着消失点与视平线，可以从不同的角度利用方体来进行透视训练。

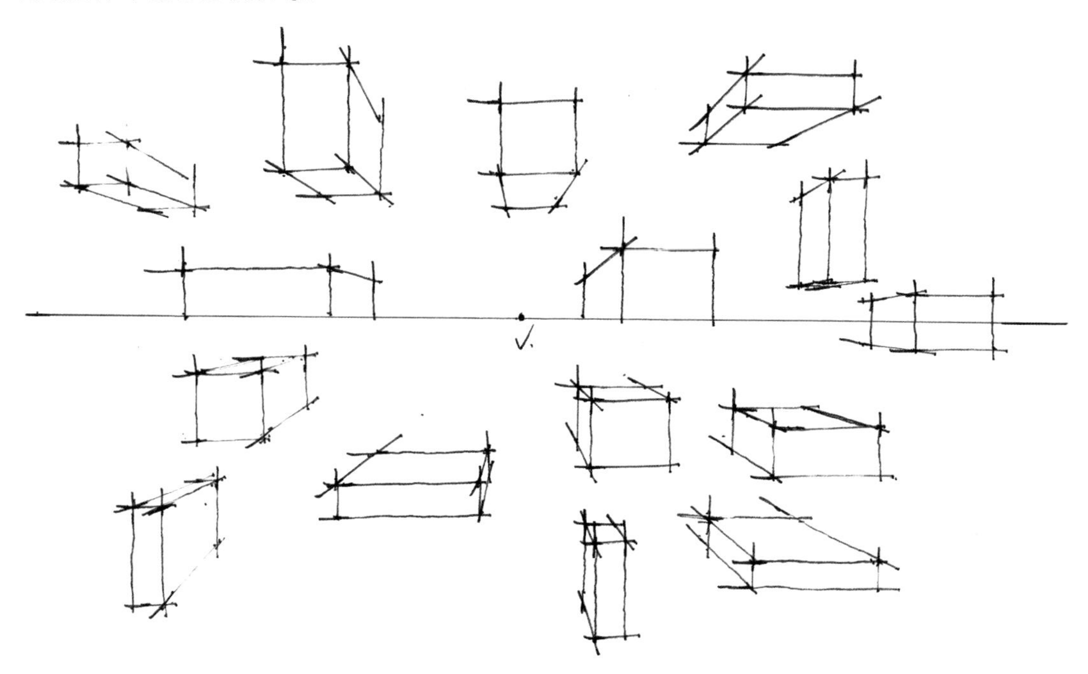

四、一点透视深入训练

左图是一张典型的一点透视场景，整体风格为新中式，可以看到图片中的景墙、大门的竖线与横线都平行于图片的边线。

步骤一

首先，观察图片，沿着构筑物的透视边找出消失点，注意是一点透视，主要构筑物除透视线外其余线条均横平竖直，确定画面构图，将大体透视框架画出。

步骤二

大框架确定好后，确定光源方向，明确构筑物的亮暗面，然后确定主要植物的位置并画出基本形。

步骤三

最后将场景继续细化，表现出材质纹理，进一步明确明暗关系，补充剩余植物，主要植物要刻画完整，注意主次关系以及透视的近大远小、近实远虚的关系。

两点透视（成角透视）

成角透视就是景物纵深与视中线成一定角度的透视，在画面中可以表现物体的两个立面。成角透视就是把立方体画到画面上，立方体的四个面相对于画面倾斜成一定角度时，往纵深平行的直线产生了两个消失点。在这种情况下，与上下两个水平面相垂直的平行线也产生了长度的缩小，但是不带有消失点。物体上有两个消失点，所有竖线都绝对垂直。

一、认识两点透视

通过下图认识和把握两点透视（成角透视）的灭点和透视线。

二、两点透视分析解读

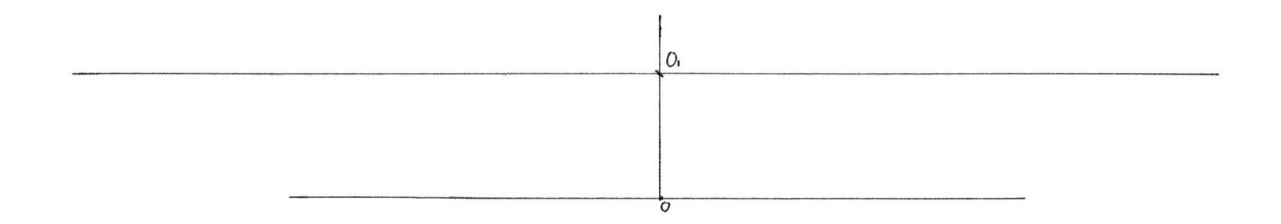

① 在画面中画一条直线，定为视平线。

② 在视平线下方画一条平行线即地线。

③ 在地线中找一点O点，并向上引垂线与平行线交于一点，此点为O_1点。

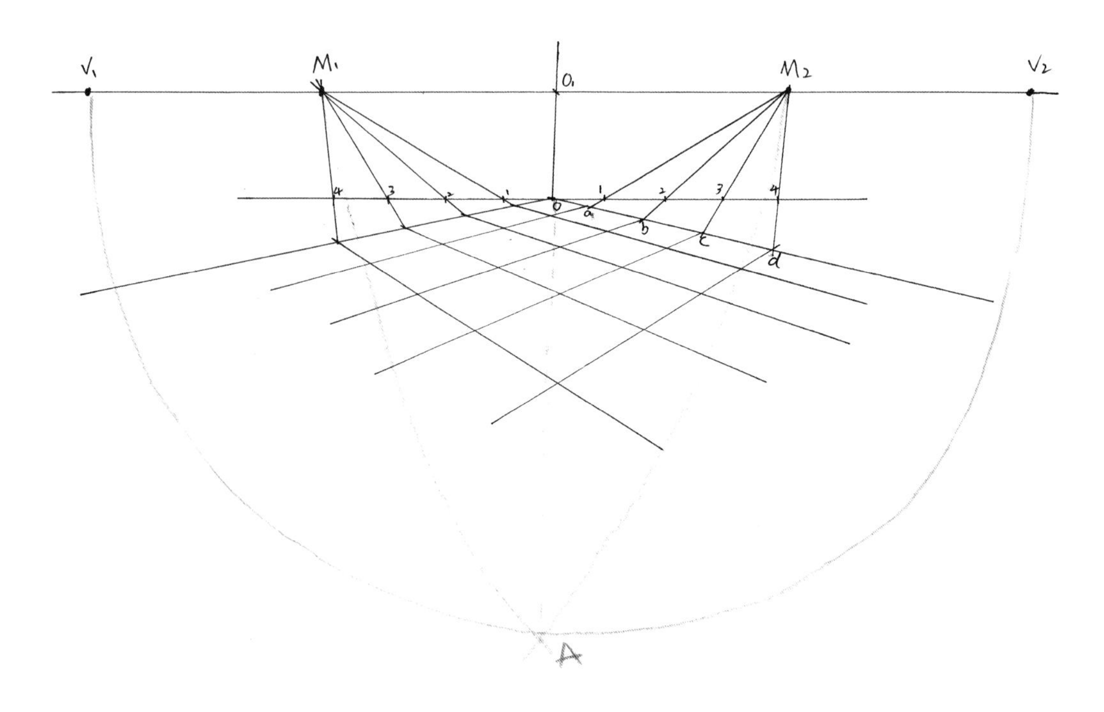

④ 在O点两侧线分别定出四段等长距离。

⑤ 在视平线上定两个消失点V_1、V_2。两个消失点距离尽量远，但不一定对称。

⑥ O_1-V_1两点之间1/2处为M_1点，以O_1为圆心，以两个消失点间的距离为直径画出半圆，以V_2为圆心，以V_2-M_1为半径画弧线交于半圆上一点A，再以V_1为圆心，以V_1-A为半径画弧线，交于视平线上一点即M_2。

⑦ 用V_1、V_2连接O点并画延长线得到地格边线。

⑧ 用M_1、M_2两点分别连接地线上的四个点，可在透视线中得到透视地格的定位点如a、b、c、d。

⑨ 用两端消失点分别连接两条透视线的地格定位点，并画延长线，便能得到成角透视的地格透视图。

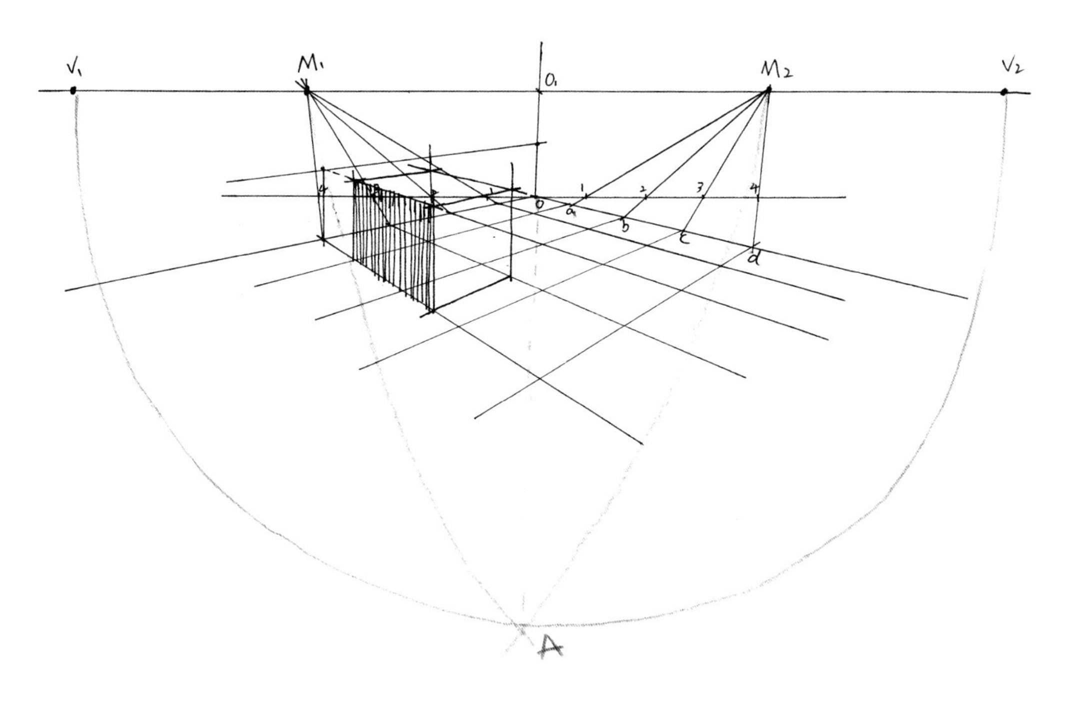

在地格中沿着透视辅助线画出矩形的底面，确定方体高度，画出垂直线（两点透视竖线都垂直于视平线）。将垂线顶端与透视点相连，两点透视地格图方体绘制完成。

三、两点透视基础训练

为了更好地理解与上手练习，可多采用徒手形式对不同角度的成角透视体块进行绘制。

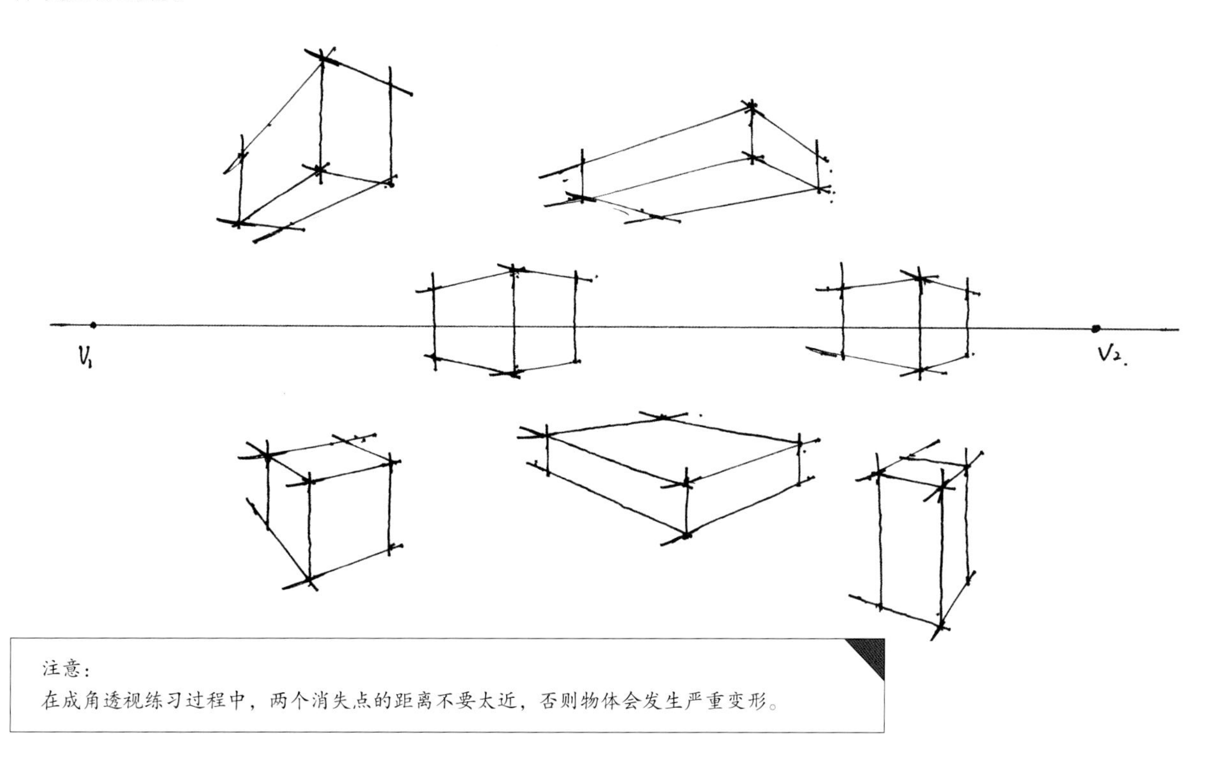

> 注意：
> 在成角透视练习过程中，两个消失点的距离不要太近，否则物体会发生严重变形。

四、两点透视深入训练

这是一张成角透视的建筑图片，需要将其改绘为手绘草图，观察图片，看似造型丰富、结构复杂，其实就是由简单方体演变而来的。

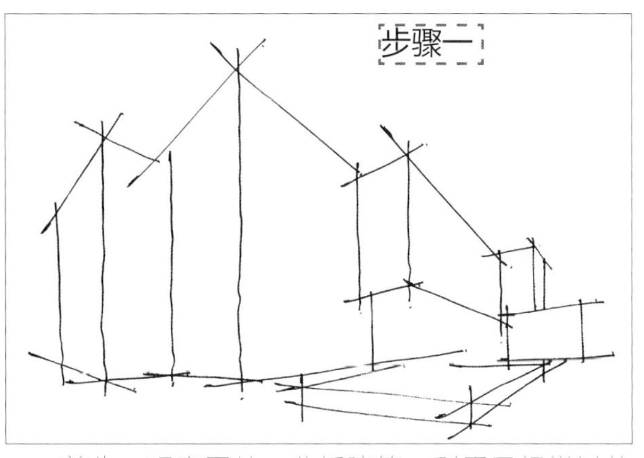

首先，观察图片，分析建筑，利用已经学过的透视知识将建筑物进行概括，抛开门窗及装饰，从大的框架入手，将整个建筑概括为几个两点透视的方体的组合。

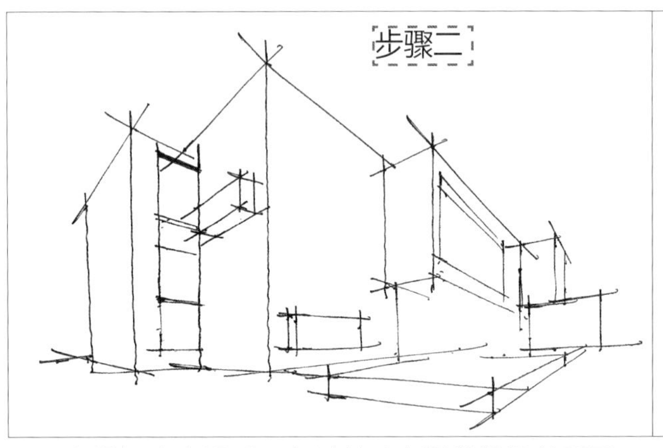

大框架确定好后，在其基础上沿着透视关系画出窗户以及外墙上的装饰造型，窗户和造型同理也是概括为方体。这样该建筑的基本造型便完成了。

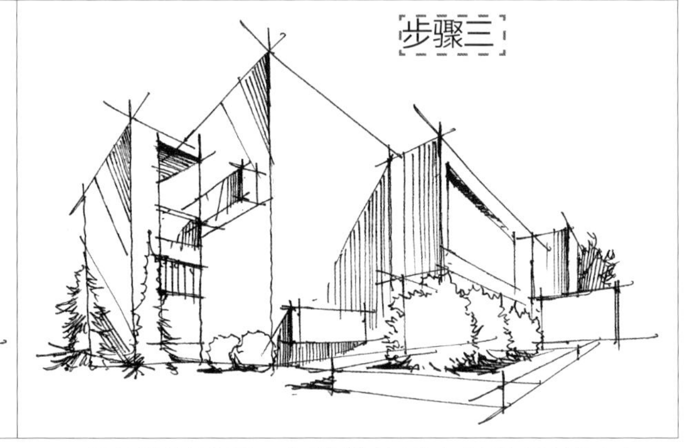

观察光影关系，将建筑的暗面以及投影画出，再将主要植物画出以便确定位置，此时手绘草图基本完成。

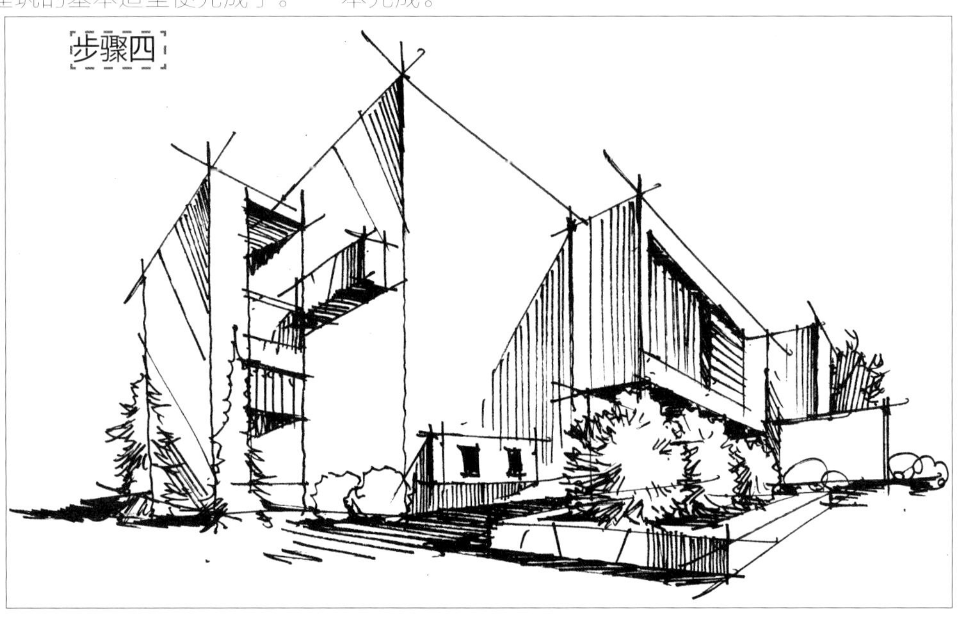

最后再丰富画面，第一是将光影关系强化，这幅手绘作品中建筑的光影关系直接影响着整幅画面的效果，所以建筑的光影关系尤为重要；第二就是补充植物以及建筑的细节，使画面更加完整。

一点斜透视

一、认识一点斜透视

一点斜透视属于两点透视的范畴（实际有两个消失点），但是其画面效果接近于一点透视，故称为一点斜透视。一点斜透视的消失点，一般在画面中只能观察到其一，结构与一点透视接近，只是消失点的位置靠近近端一侧，最终形成近大远小的画面。

二、一点斜透视分析解读

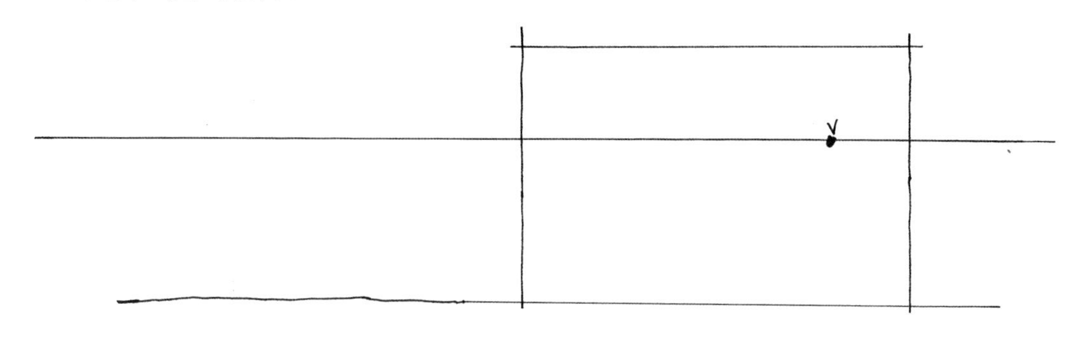

① 确定一条水平线，即视平线，围绕视平线画出一个4 ： 3的长方形辅助墙。

② 指定右侧垂直线为近端墙高，在视平线上确定消失点V，消失点靠近右侧垂直线（高的这段辅助墙）。

③ 向左延长辅助墙面的底边做参考线。

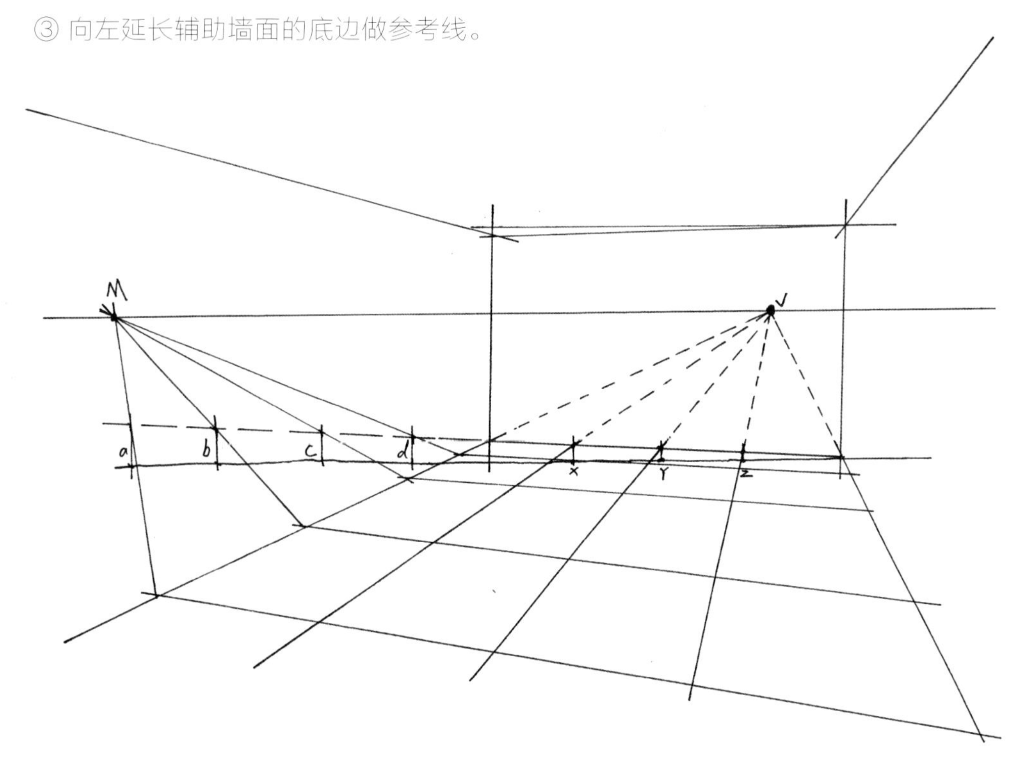

④ 辅助墙上下两边分别以右侧为基点向中心旋转5°～ 15° 画出墙的透视线（此线为真实透视墙体）。

⑤ 将参考墙体底端等分成四份，在已延长的辅助墙底线上同样作出四段等距参考单位。

⑥ 将辅助墙体底边的几个等分点垂直延长到真实墙体及延长线上，在真实墙面上得到x、y、z三个点，在其延长线得到a、b、c、d四点 。

⑦ a点向上延长至视平线附近即可得到M点，用M点连接a至b四个点并延长至透视边，可得到透视地格的四段纵向参考单位，通过这四个参考单位，以真实墙体底端做基准，作出四条以左侧远端消失点（画面外）为趋向的透视线。

⑧ 用消失点V连接x、y、z和真实墙体的两个底端点，并延长透视线即可得到一点斜透视地格。

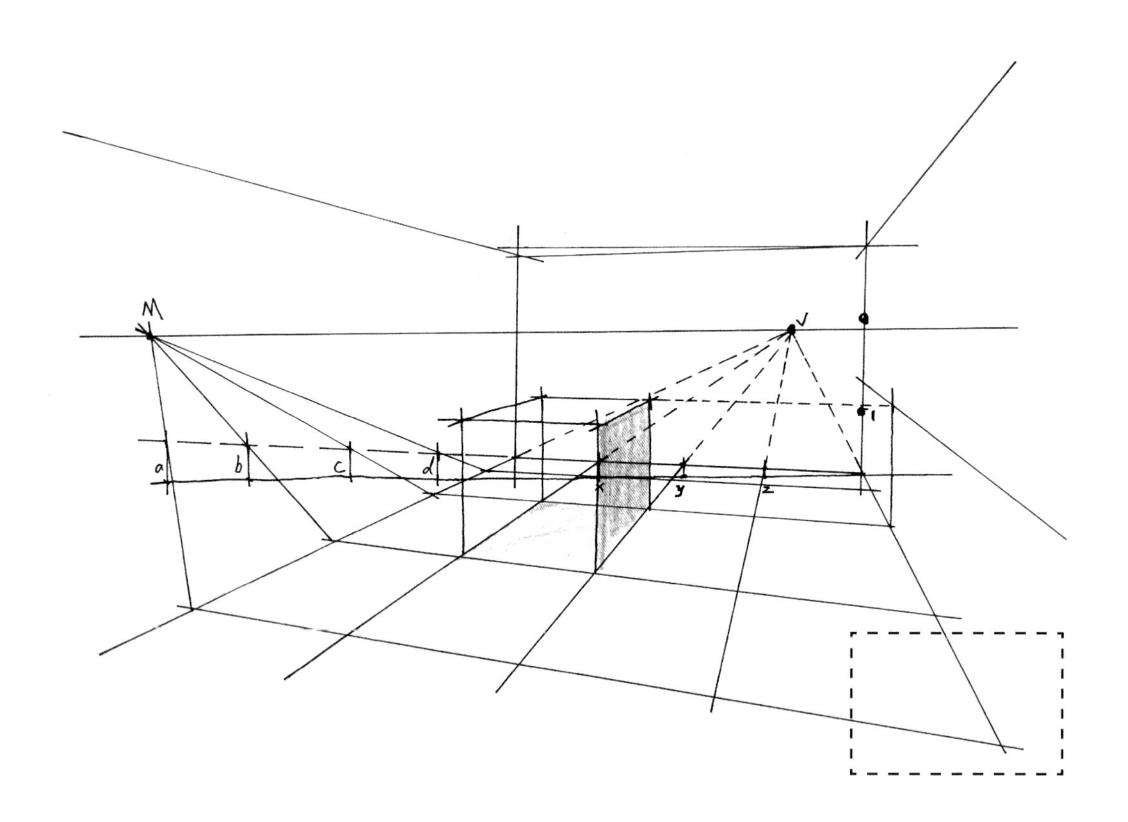

⑨ 首先确定一个要创建立方体的地格位置。

⑩ 在4 ：3辅助墙右侧垂直线上确定1个单位的高度，通过连接消失点将此参考高度分别对应透视地格所在的四条垂直线。

⑪ 画面内与画面外有两个消失点，通过两点透视理论确定方体顶面透视线（以画面外确定的透视线凭透视感觉调整斜度即可）。

注意：

1.一点斜透视会有一个尖角出现。

2.一点斜透视有一个消失点在画面内，一个在画面外。

3.一点斜透视倾斜角度控制在5° ~ 15° 即可。

三点透视

三点透视是一种绘图方法，分两种。一种一般用于超高层建筑的俯瞰图或仰视图。第三个消失点必须在和画面保持垂直的主视线上，与画面视角的二等分线保持一致。另一种则是在一幅画面中有多个消失点，也被称为散点透视或者多点透视（物体有三个或三个以上消失点，与一点透视和两点透视不同的是，三点透视中几乎没有平行的线出现）。

一、认识三点透视

通过下图认识和把握三点透视（散点透视）的灭点和透视线。

二、三点透视分析解读

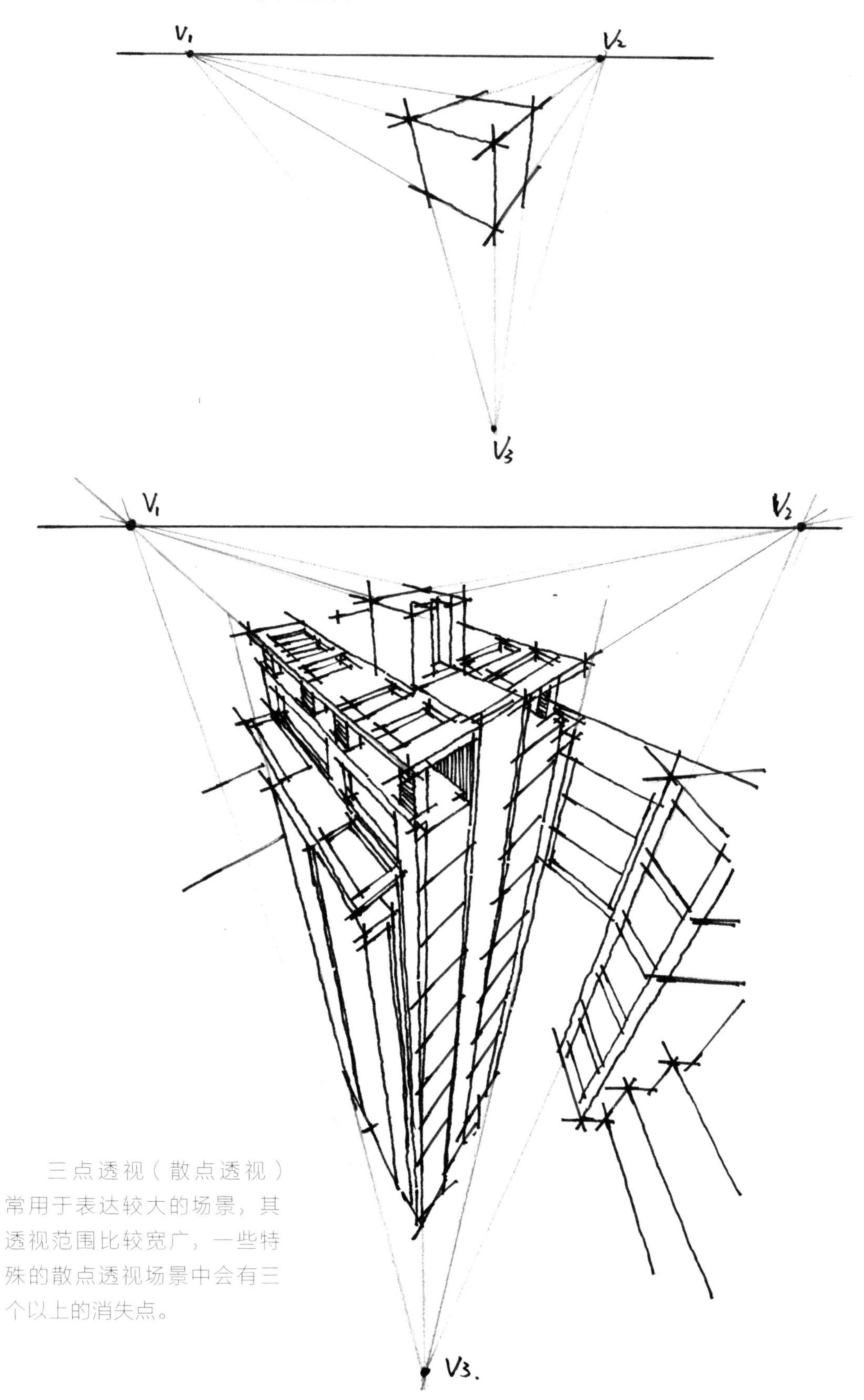

三点透视（散点透视）常用于表达较大的场景，其透视范围比较宽广，一些特殊的散点透视场景中会有三个以上的消失点。

第二节　透视理论的实践与应用

为什么要进行景观理论的徒手训练？第一点是因为在以后手绘应用的过程中（比如考研快题、工作面试、工作交流），需要设计师或同学们准确并且快速地将自己脑海中的想法表达给对方，而想要提高速度提高效率，就得进行徒手训练，尽量摆脱尺规作图，徒手绘制出来的手绘作品画面相对于尺规作图更加放松灵活，不会显得呆板僵硬。第二点是经过徒手透视练习后，对基本的透视原理以及绘制方法会更加了解，并且更容易记住，能为后期的快速场景描绘奠定一个好的基础。

按照简单的方体了解了基本的透视原理以及绘制过程和方法后要进行更加深入的训练，需要注意的一点就是需要尽量摆脱尺规，做到眼、脑、手结合并用。

体块组合的徒手实践

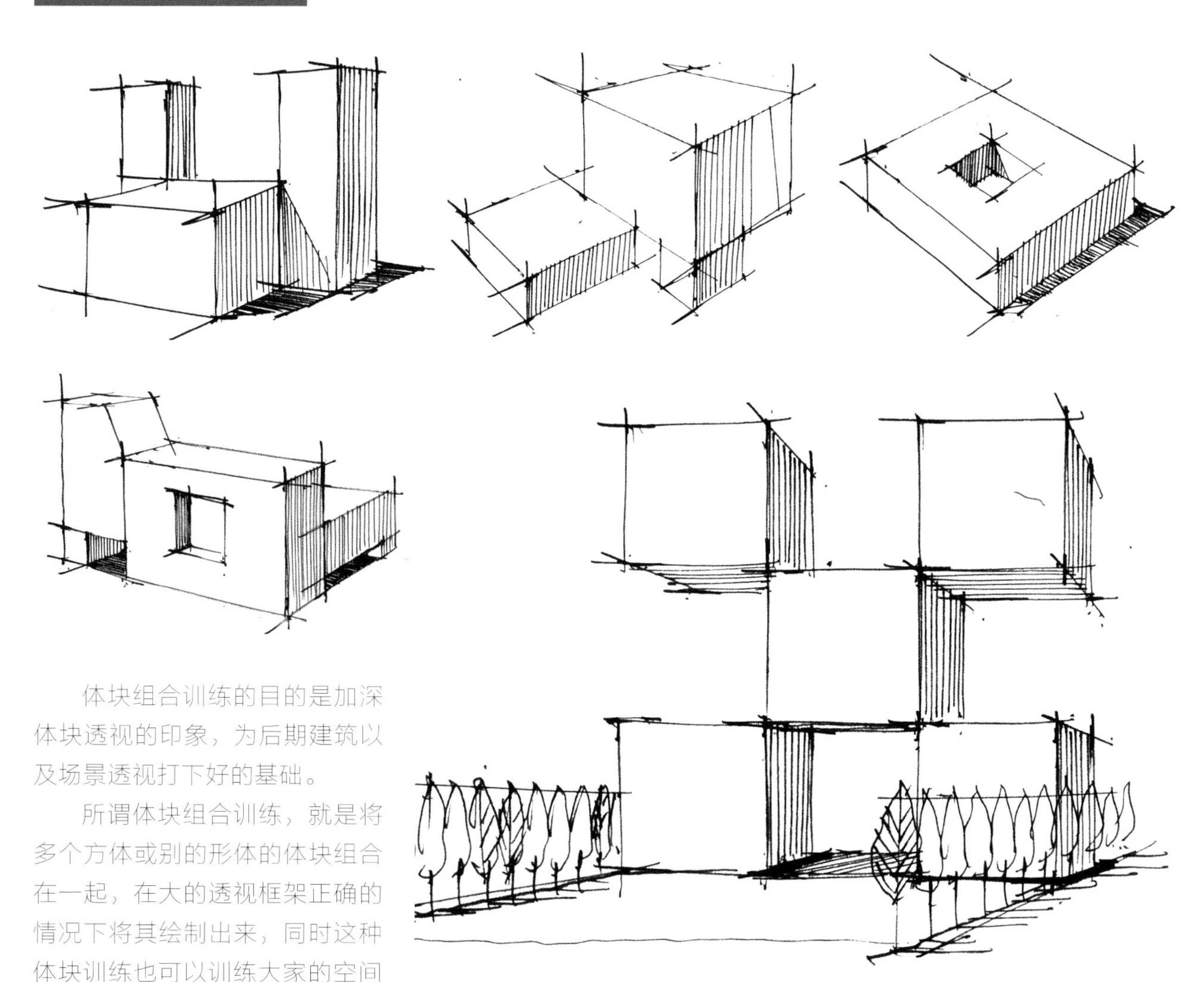

体块组合训练的目的是加深体块透视的印象，为后期建筑以及场景透视打下好的基础。

所谓体块组合训练，就是将多个方体或别的形体的体块组合在一起，在大的透视框架正确的情况下将其绘制出来，同时这种体块训练也可以训练大家的空间能力。

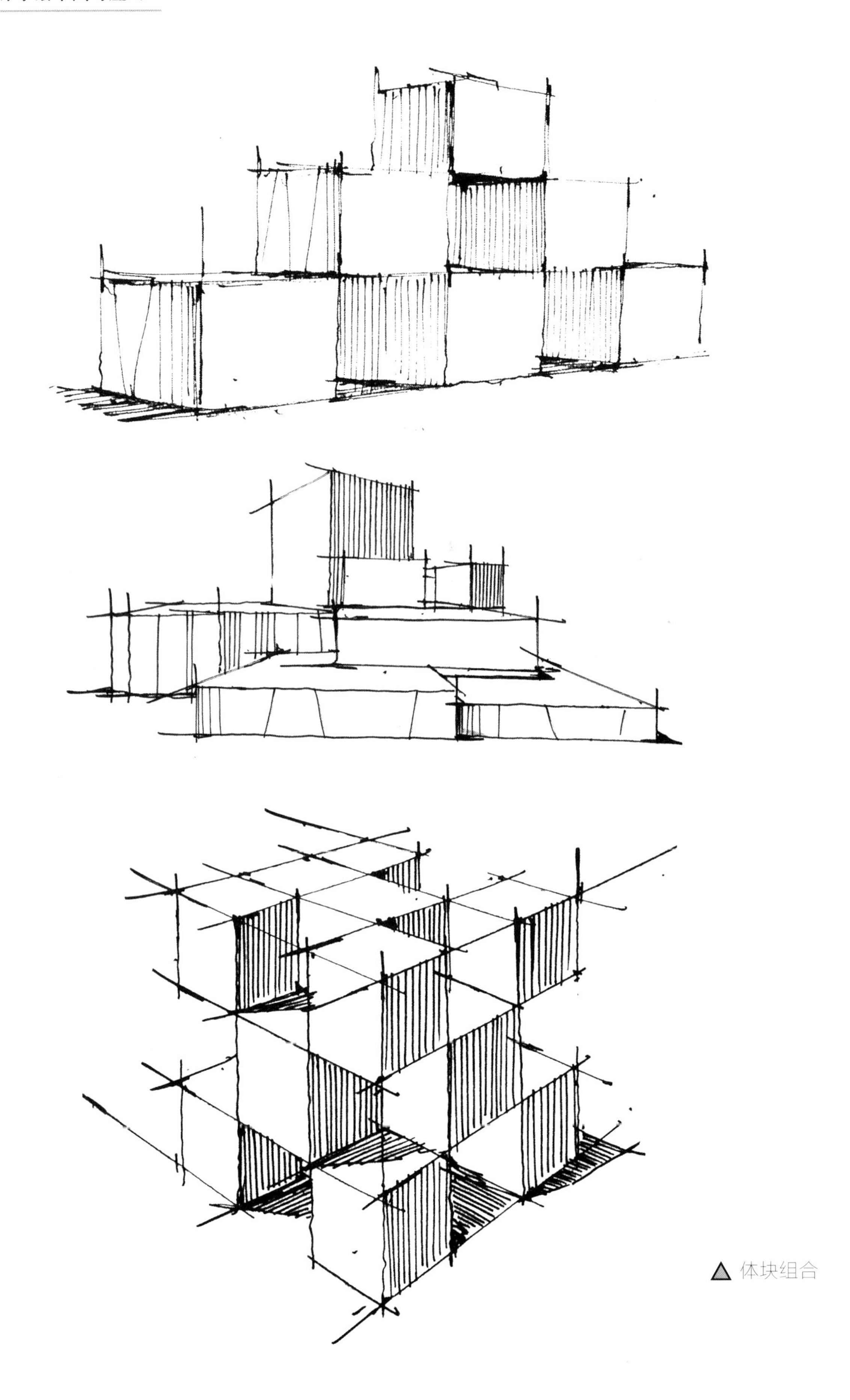

▲ 体块组合

在造型变化物体透视绘制的过程中，可以先将大概的透视线（辅助线）画出，然后沿着透视网格画出物体的透视面。例如下图扇形体块的绘制，先将扇形的扇面沿着透视表现出来（切记扇形的各个角以及扇形的弧顶是找准透视的主要因素），找准透视后再将扇形体块的厚度表现出来。

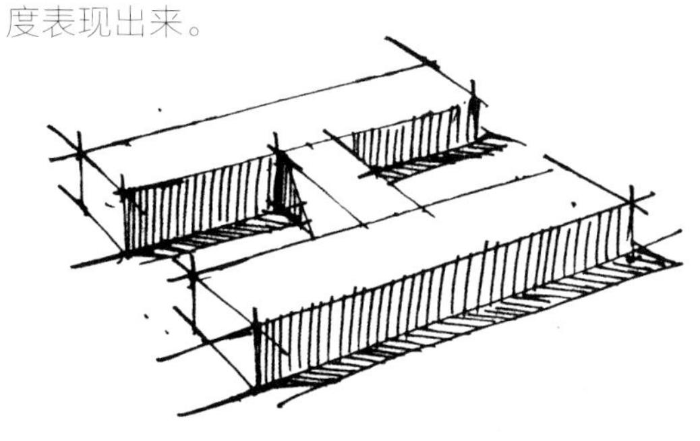

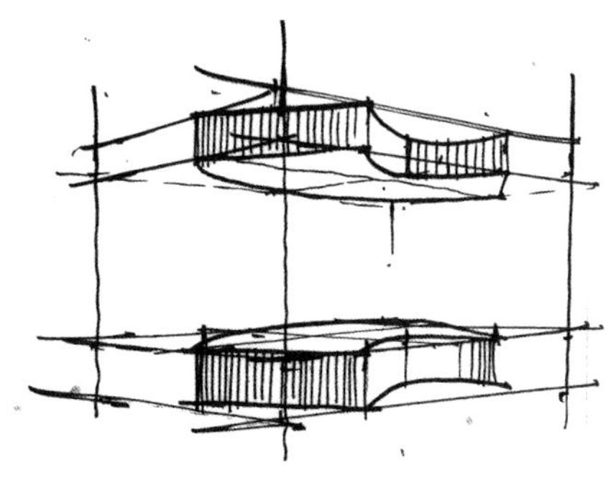

一、扇形透视变换训练

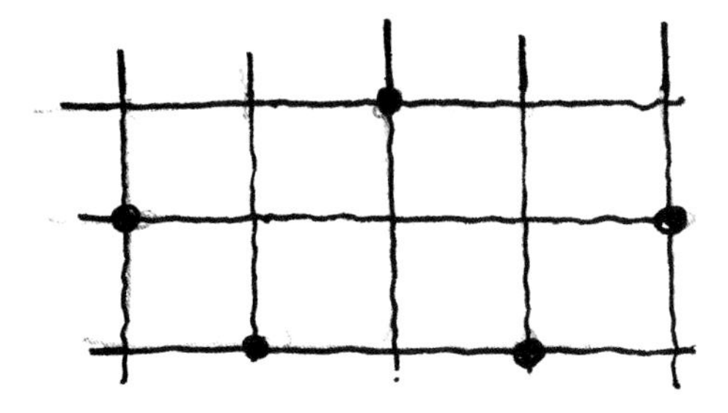

第一步：确定1 ∶ 2的长方形，通过中线平分推出平面定位格。确定出五个定位点。

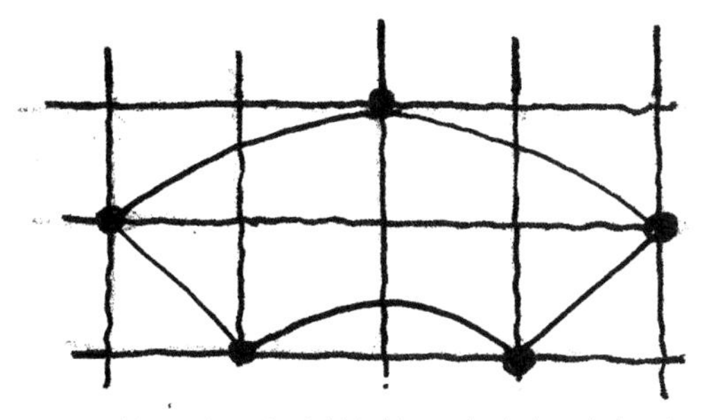

第二步：通过连接五个点得到扇形平面图形。

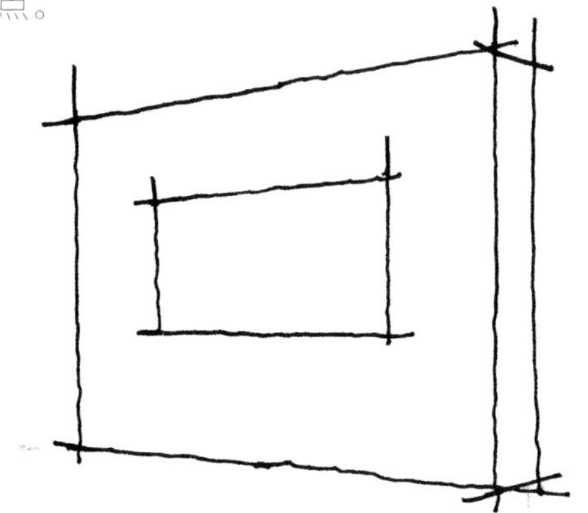

第三步：绘制一个透视景墙，在墙面上确定一个1 ∶ 2的透视长方形。

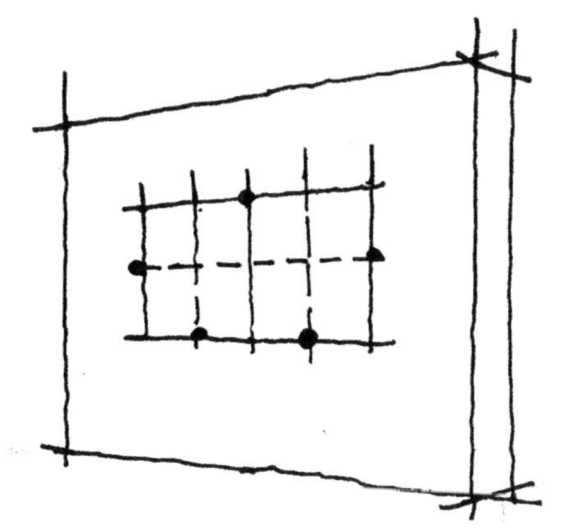

第四步：通过上述方法确定透视定位格与扇形的五个定位点。

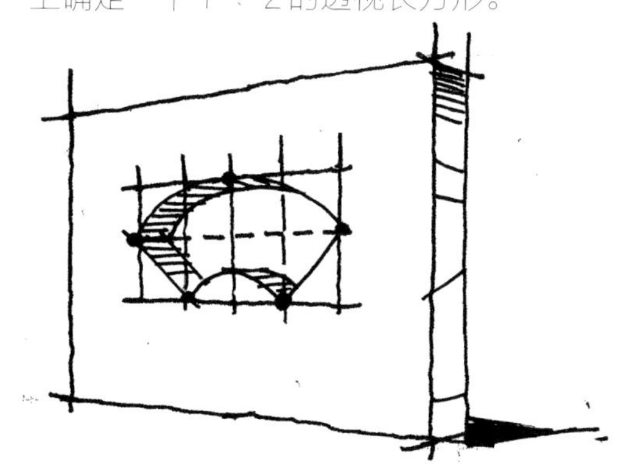

第五步：连接五个透视定位点，结合透视方法绘制出透视镂空扇形。

二、心形透视变换训练

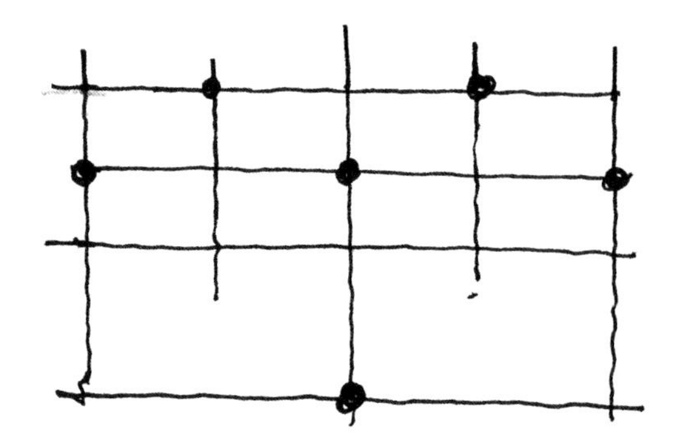

第一步：确定一个长方形，通过长方形的中线分割方法确定心形的六个定位点。

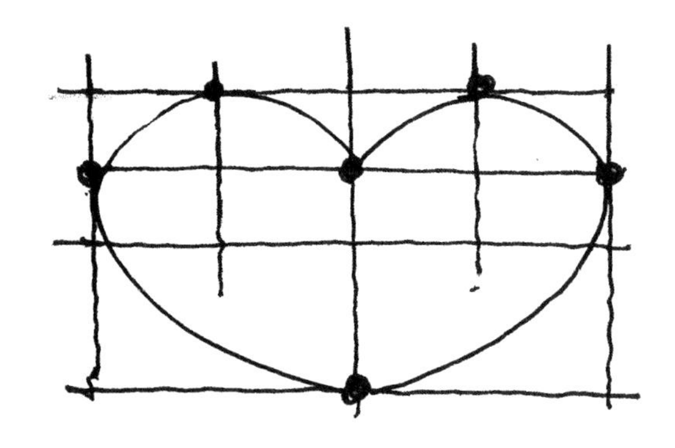

第二步：用弧线连接六个心形定位点，即得到一个心形。

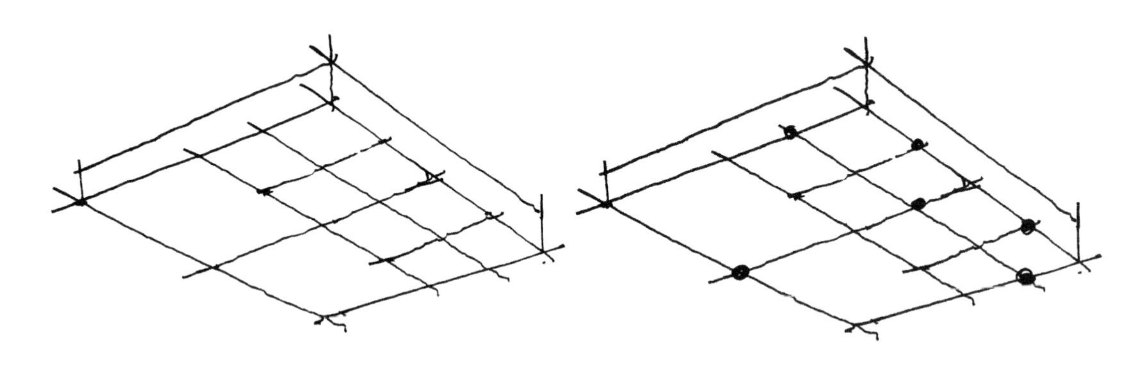

第三步：绘制出一个仰视的长方体，将扇形底面通过上述理论分割。

第四步：在已分割的方体底面确定心形定位点。

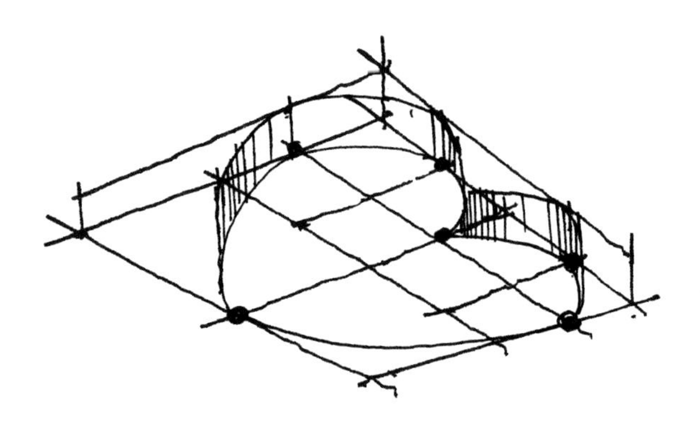

第五步，用弧线连接六个心形定位点，通过透视理论绘制出仰视的心形体块。

圆的透视实践

掌握圆的透视之前首先需要了解如何画圆，通用的方法为“八点定圆法”，从字面意思就可以理解，是通过八个点来确定一个圆，下面详细解读一下八点定圆法。

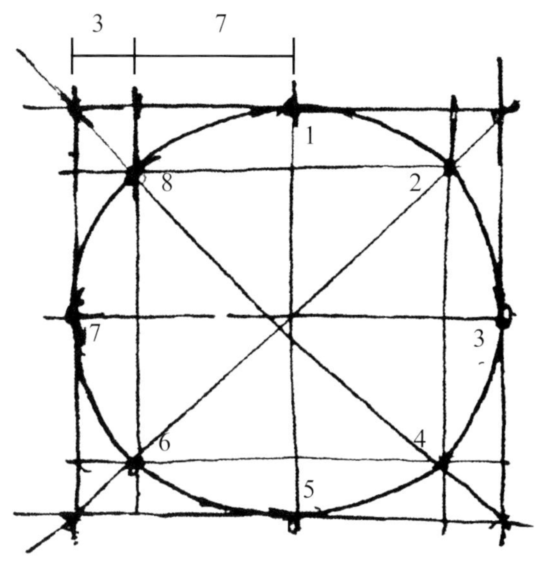

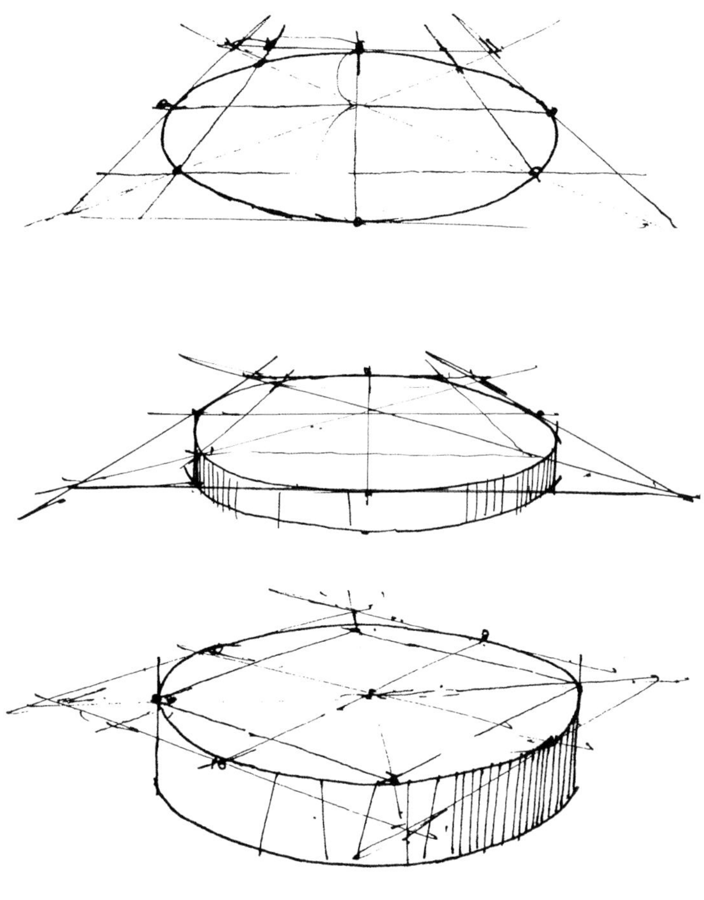

第一步：确定一个方，将方沿着对边的中点连接，得到1、3、5、7四个点。

第二步：找到方体边线一半，将其以3∶7的比例分开，其余三条边同理，在正方形上得到8个点，然后把这8个点两两相连得到4个交点即2、4、6、8。

第三步：将这八个点用弧线相连，最终得到一个圆形。

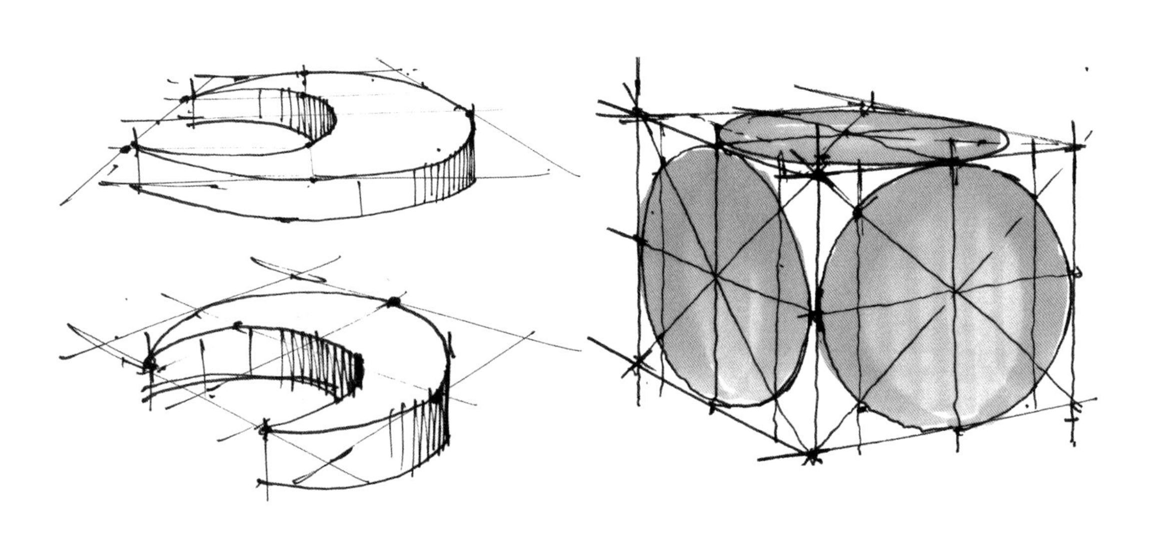

台阶的透视实践

台阶在建筑、园林景观、室内中运用得都极为广泛，绘制上下楼层，处理地形高差都会用到台阶，下图为楼梯的透视应用及分析。

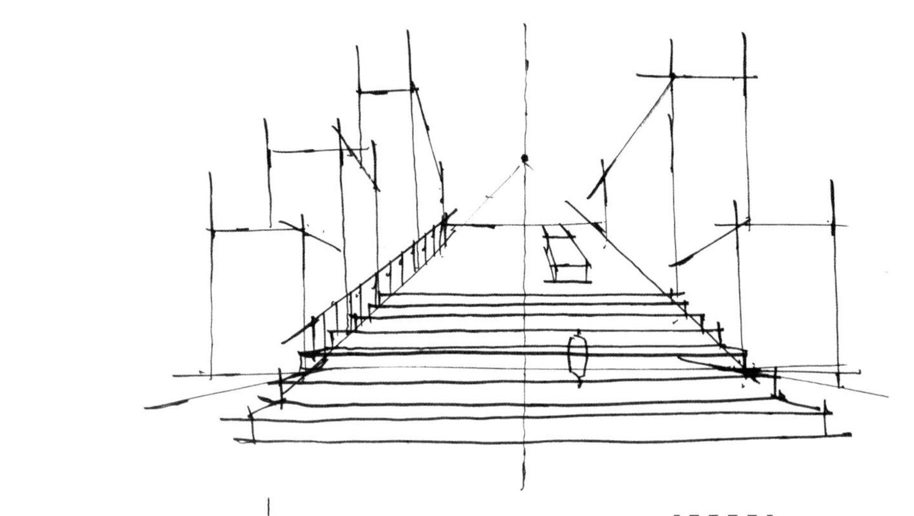

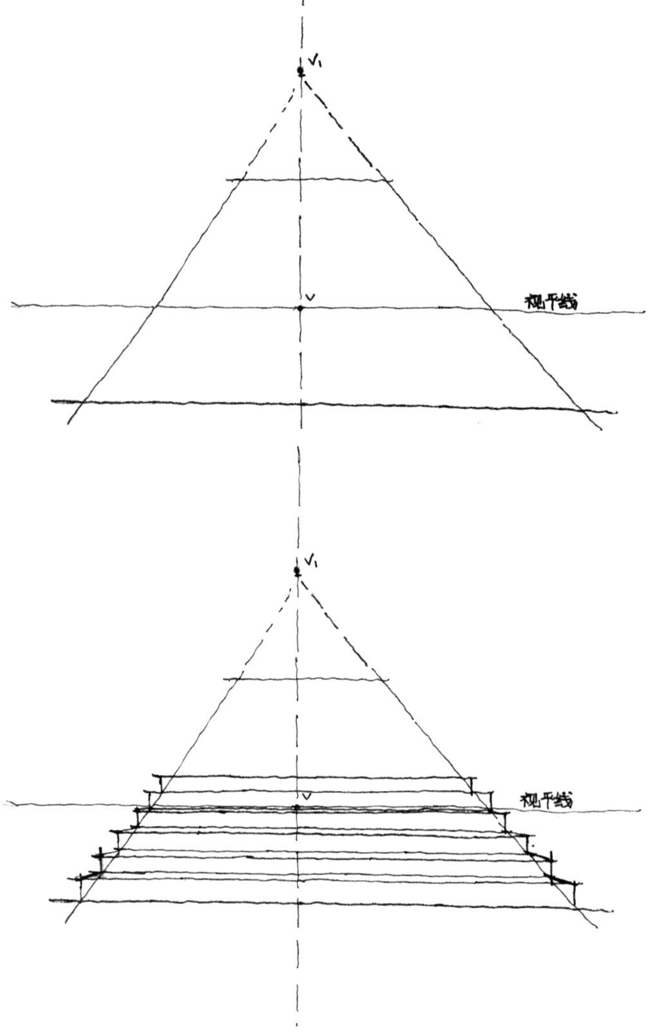

步骤一

首先，画出一条水平线即视平线，再确定第一个消失点V，以水平线为准过消失点作一条垂线，在垂线上端确定另一个消失点V_1，此点被称为天点，在视平线上下分别画出一条水平线即台阶顶端与底端，用天点连接台阶底端可得到一个斜坡。

步骤二

沿着坡道画出台阶，此台阶是一点透视台阶，踏面的横线与视平线平行。特别要注意的是，踏面透视线需要连接视平线上的消失点。

步骤三

画出剩余部分台阶，加入扶手、种植池，扶手的透视与台阶总体斜坡的透视一样，连接天点，而种植池的消失点是连接视平线上的消失点。

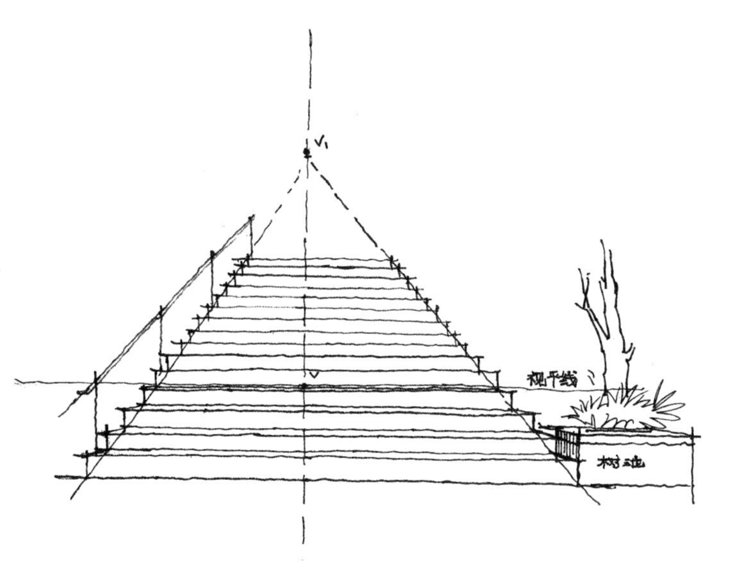

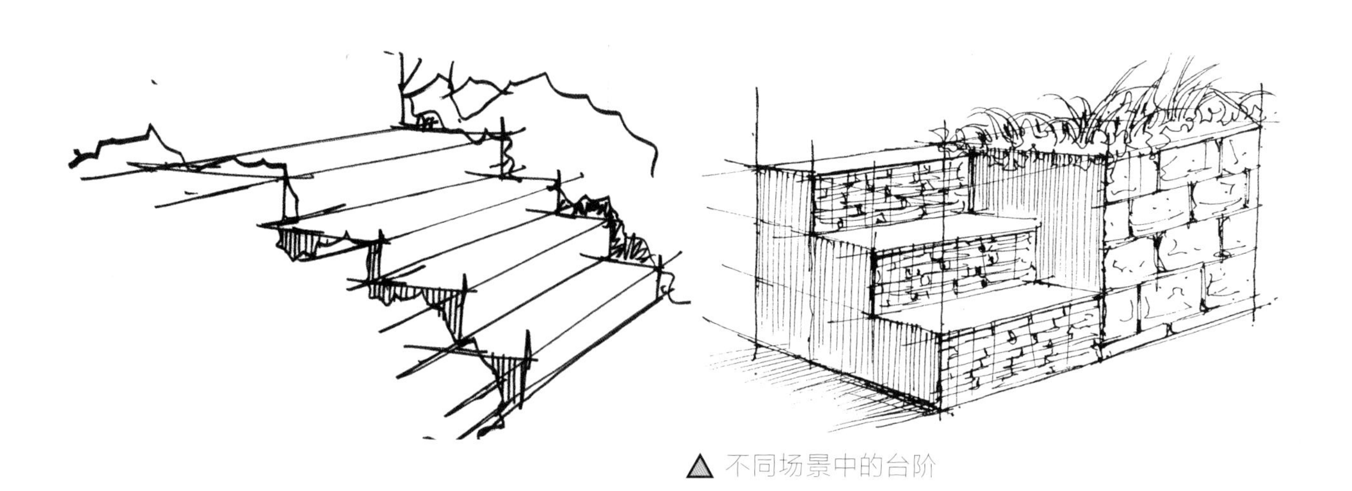

▲ 不同场景中的台阶

右图台阶是典型一点透视台阶的画法，大的体块可概括为一点透视的三角体，在三角体基础上画出台阶侧面，台阶的每条长边都与消失点相连，最终体现出一点透视的台阶。

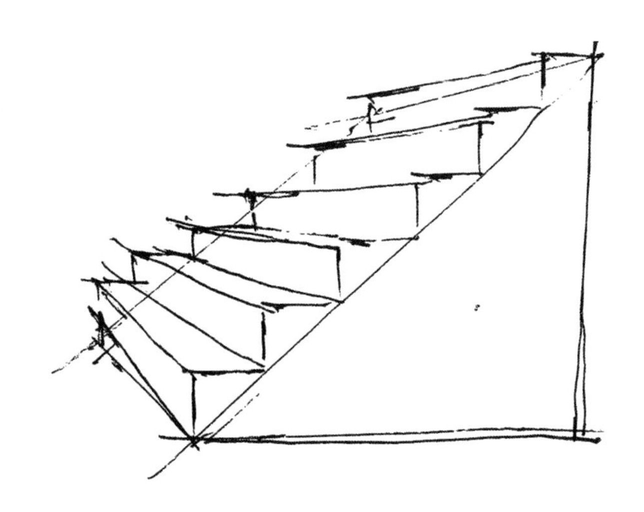

注意螺旋形楼梯顶面由于高度变化而变化，由于高度越来越高，台阶顶面随之变得越来越小，楼梯弧度、宽度也随高度变化而变化。

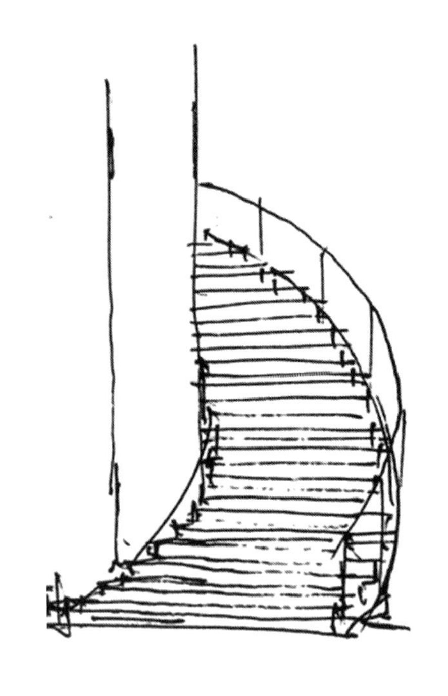

简单的建筑透视

方体以及体块的组合透视在建筑中的运用非常广泛，看似非常复杂的建筑造型经过简化概括后会非常容易理解以及上手。一些普通的建筑都可以概括为方体一类的体块，建筑上的造型（比如窗户、门、水池、屋顶、造型柱等）都建立在方体的框架之上。

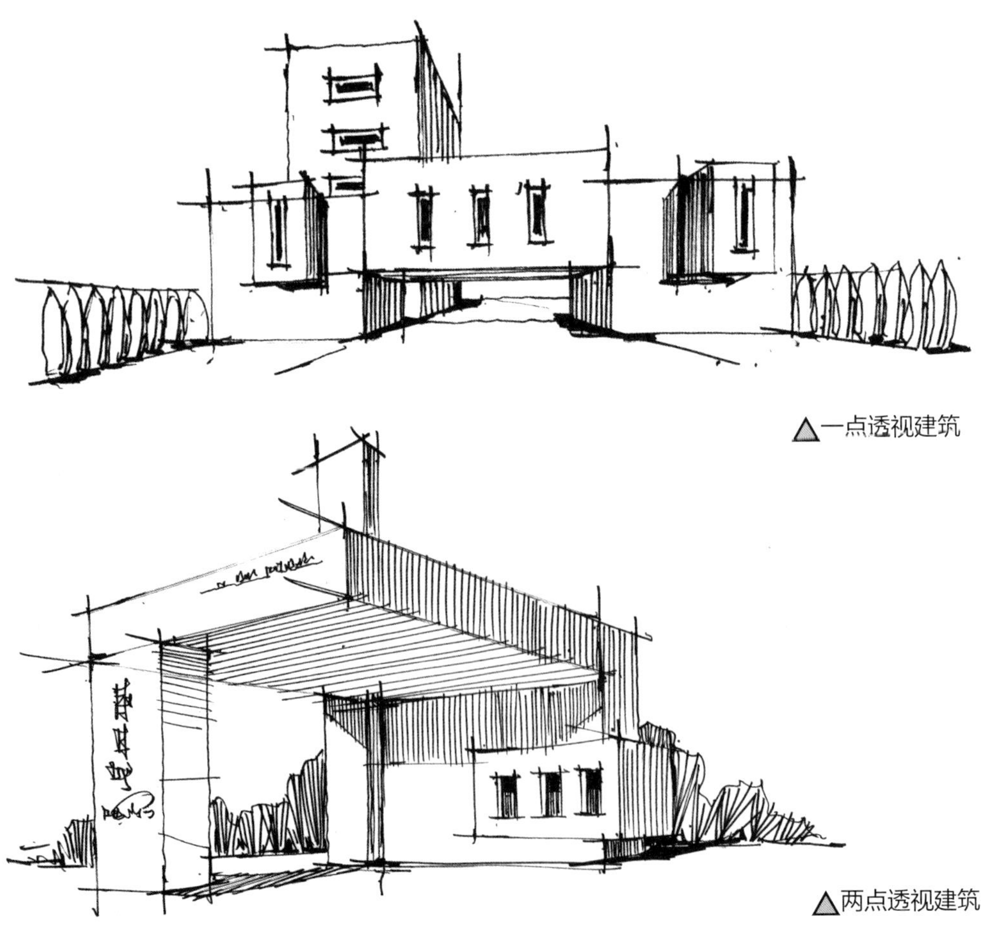

△一点透视建筑

△两点透视建筑

简单的场景透视

场景透视在景观设计手绘中可以说是不可缺少的一部分，运用极为广泛，例如庭院的行道树、水池、喷泉、构筑物都以透视为基本框架。

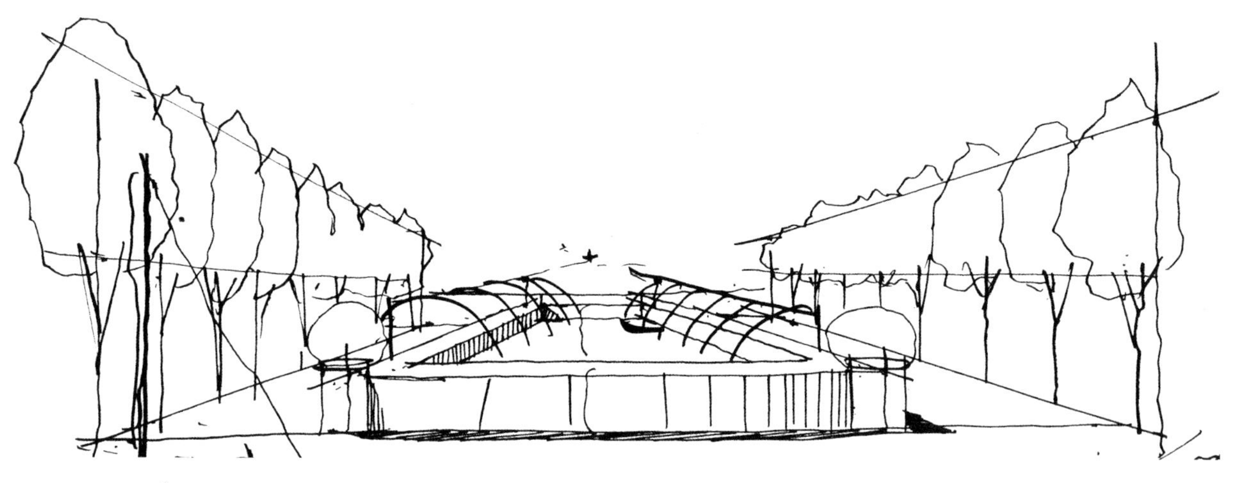

一点透视场景

注意：

这是一点透视的场景，行道树、水池以及道路都需要找到透视线，并严格按照透视线绘制。

一点斜透视场景

平面图转透视图

平面图与透视图的一致性是广大设计师最为头疼的问题，也是手绘设计创作中最核心的内容。其主要理论来源于透视原理加上手绘表现技法，从而使平面图转化成更加直观生动的透视图。

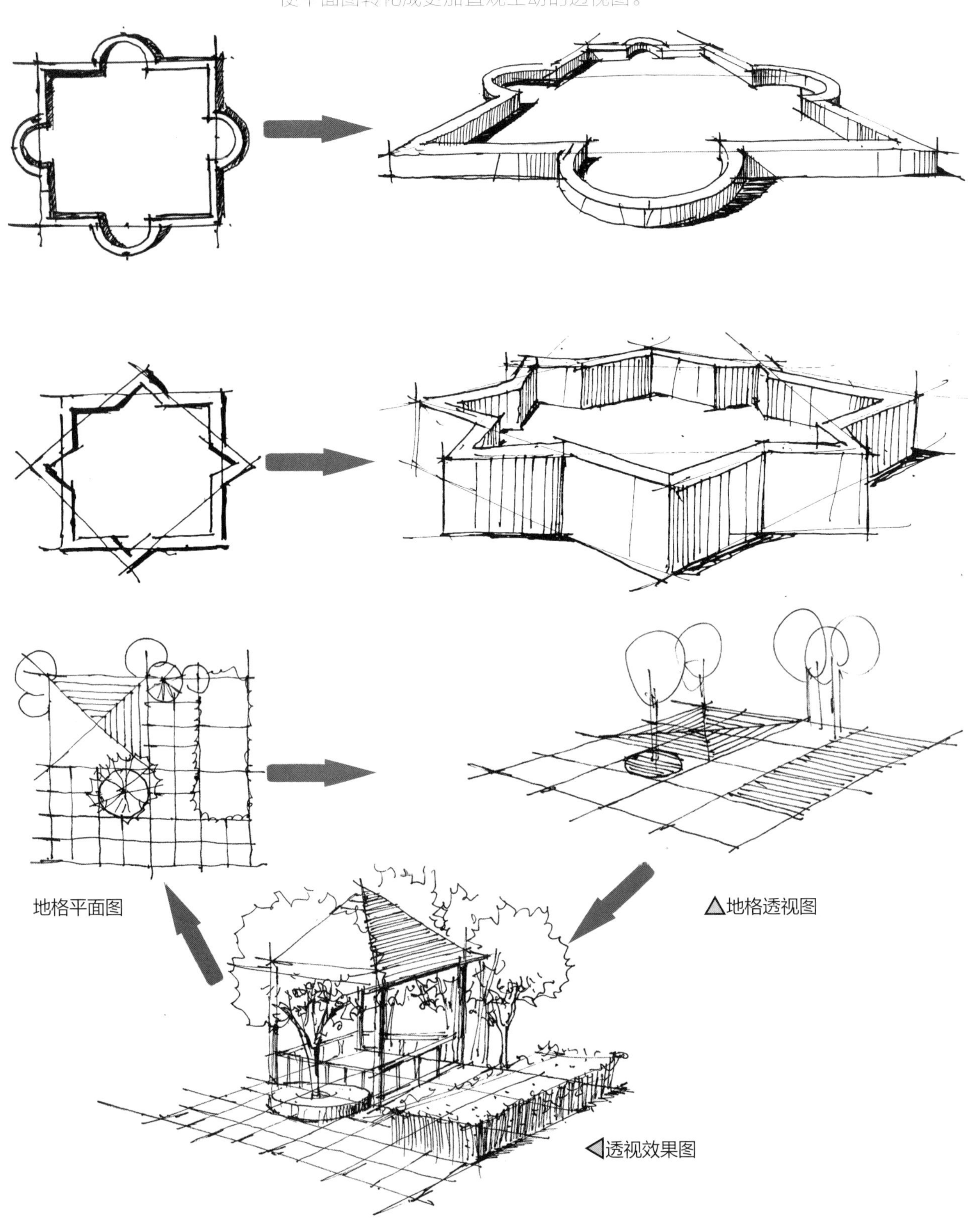

地格平面图

△地格透视图

◁透视效果图

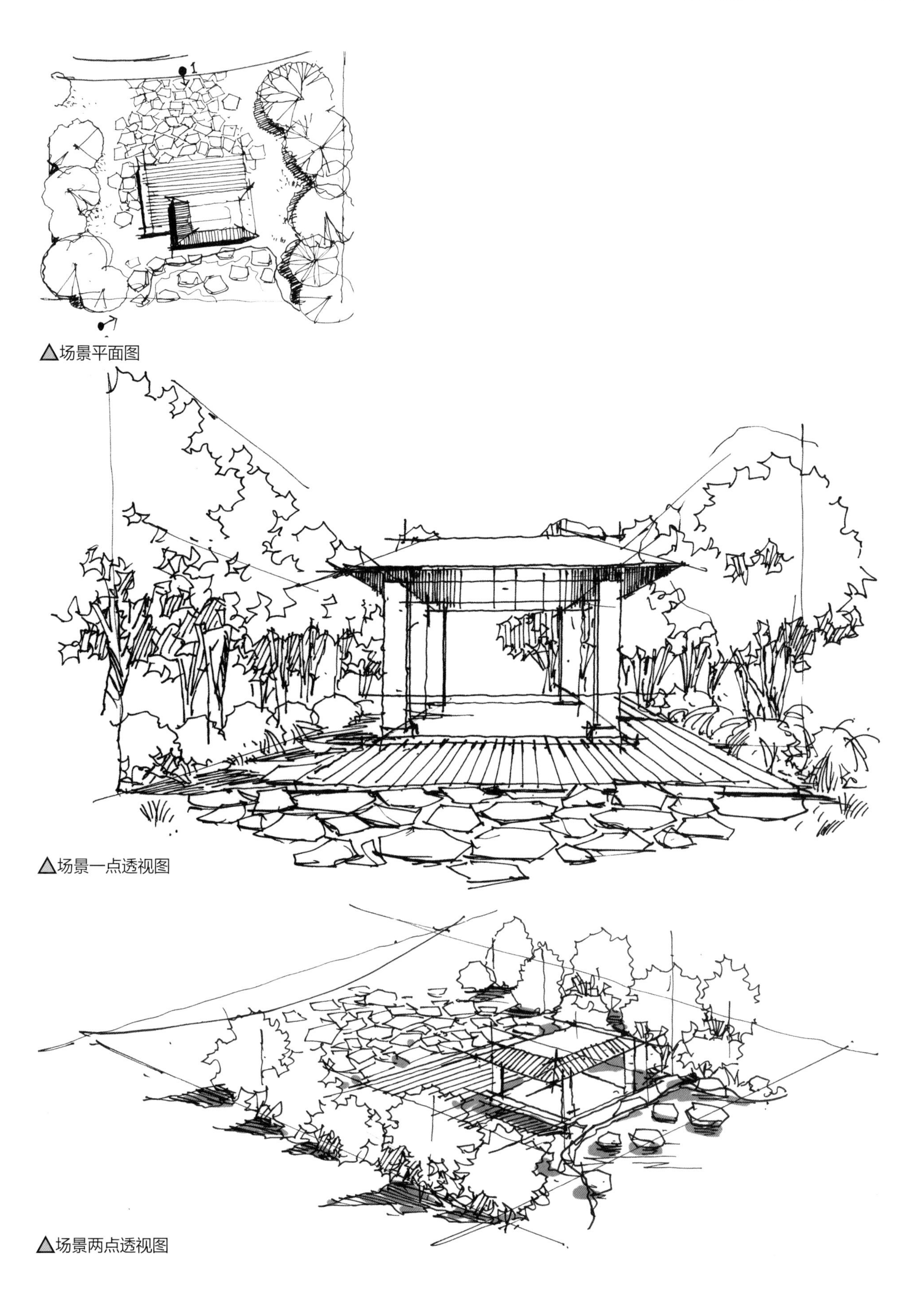

△场景平面图

△场景一点透视图

△场景两点透视图

第三节　画面构图

景观手绘中的构图也是设计中的重要组成部分，设计时要利用构图加强美感和形式感，突出设计中心，将设计思想情感传达出来。构图时要掌握主次分明、布局合理、突出特征等要点。我们在景观中常用的构图形式有均衡构图、对称构图、X形构图、三角形构图等。

对称式构图

对称式构图在景观中常用于对称的建筑、物体等构筑物，具有对称性、稳定性的特点。

三角形构图

以三个视觉中心为景物的主要位置，有时是以三点成面的几何构成来安排景物，形成一个稳定的三角形。三角形构图在灵活的基础上又不缺少稳定性。

均衡式构图

均衡式构图是构图中最常见的形式，画面安排巧妙、饱满，物体与物体之间的体积、大小均衡，给人一种稳定感。

X形构图

X形构图区别于对称构图，其透视感强，景物有由大到小的伸缩感，常常用于进深感比较强的场景。

第五章　空间配景与综合表现

空间配景物体及植物是组成一幅手绘作品的非常重要的一部分。其一是丰富画面，通过训练掌握多种配景物体的画法，使画面物体更具多样性，例如植物，在基础的空间场景中，在透视找准的情况下会配以各种植物，植物的配合会使整体画面丰富且活泼。其二是通过配景物体可以加强画面的纵深感以及透视关系，配景物体处理得当后会使画面整体的空间感增强，并且有很好的层次感，对人们的视觉冲击也会增强。

空间配景有许多种，例如植物、水景、廊架、亭子、配景人物、配景汽车等。这些都是常用并且需要掌握的配景物体，下面将详细地分析空间配景物体的分类与表现。

第一节　配景植物

植物配置是景观设计及园林设计中极为重要的一项，设计手绘草图也不例外，在配景植物绘制训练之前，首先得先了解一下植物的大致分类以及种植搭配方式。植物主要分为乔木、灌木、地被、观赏草、水生植物、草地等，这些是对于植物最基本的分类。乔木主要是指树身高大，并且有由根部开始独立的主干，树干与树冠有明显的区别，如白蜡、槐树、椿树等。灌木是没有明显的主干、丛生状态比较矮的树木，如木槿、黄杨等。水生植物是能在水中生长的植物的统称，如慈姑、旱伞、水葱等。地被主要是一些低矮的枝丛密集的植物，如牵牛、草皮、福禄考等植物。观赏草起点缀作用，三五株一组，多与石头或者别的植物搭配种植，如狼尾草、花叶芦竹、斑叶芒等。

▲ 居住区景观植物配景

乔木

确定树冠以及树干的位置和形状，树冠可以概括成球体，这样方便刻画形体以及光影关系。

按照光影关系画出树的明暗位置，特别注意的是树的明暗分界是不规则形的，但是整体走势要按照球体的形体来刻画。

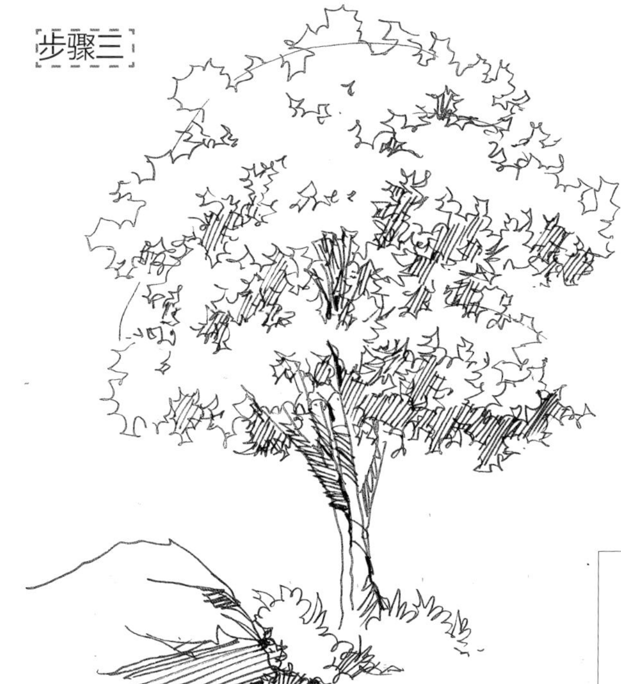

利用斜线为暗部简单上调子，使明暗关系加强，使树更加完整。

注意：

1. 树冠的整体形态形体与球体相似。

2. 树冠边缘需要注意，是在大的弧形基础上利用“几”字线上下起伏围绕着弧线刻画，遵照树冠真实的外形刻画。

3. 树冠并不是密集长满树叶，部分地方可露出树干，更加真实生动。

4. 注意树枝分叉的前后遮挡关系，体现空间感。

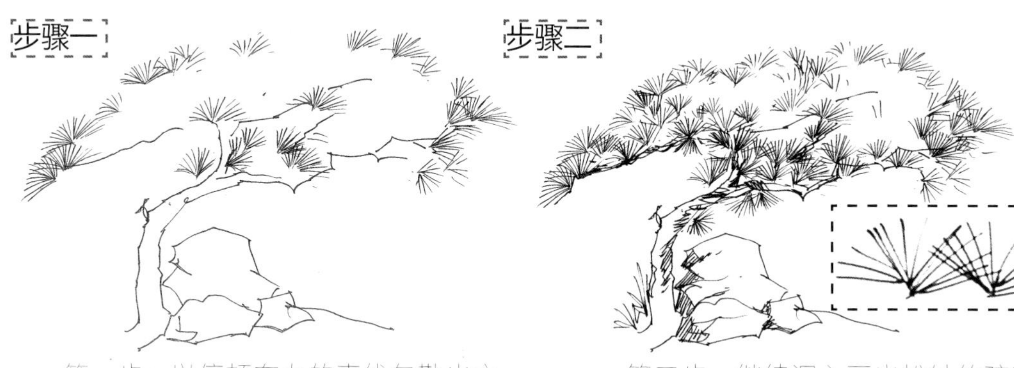

第一步：以停顿有力的直线勾勒出主干的外形；可以用铅笔勾出树冠的大致外形，再用勾线笔以松针的形式确定树冠的大致边缘；画松针时注意其向心性以及笔触的力度。

第二步：继续深入画出松针的疏密区分以及树枝的穿插关系；把配景石立体感强化一些。

第三步：以错综复杂的线条画出松树主干苍劲有力的形态及纹理；加强树冠组团，增强团状体积感，着重表现疏密，理清楚树枝与树叶的叠压层次感。

第一步：画出棕榈树的主枝朝向，线条灵动一些，画出棕榈树干的粗糙层次感。

第二步：将棕榈树针叶沿叶片形状勾出，注意前后变化。

顺着主枝朝向画出叶子，尖端较窄，根部较宽，切忌画成宽度一致。

第三步：将叶片与树干连接处细化，加部分重颜色，使棕榈树包裹的层次感更加清晰，前后关系更加明确。

注意：

1. 棕榈树叶为针叶，小针叶长短需要随着大叶片的宽窄变化而变化。
2. 注意棕榈树的树干是一层层包裹的，刻画时需要注意层次感。

第一步：勾出大形，简单体现主干外形轮廓。

第二步：确定光源方向，将背光部分加密区分开，画出主干。

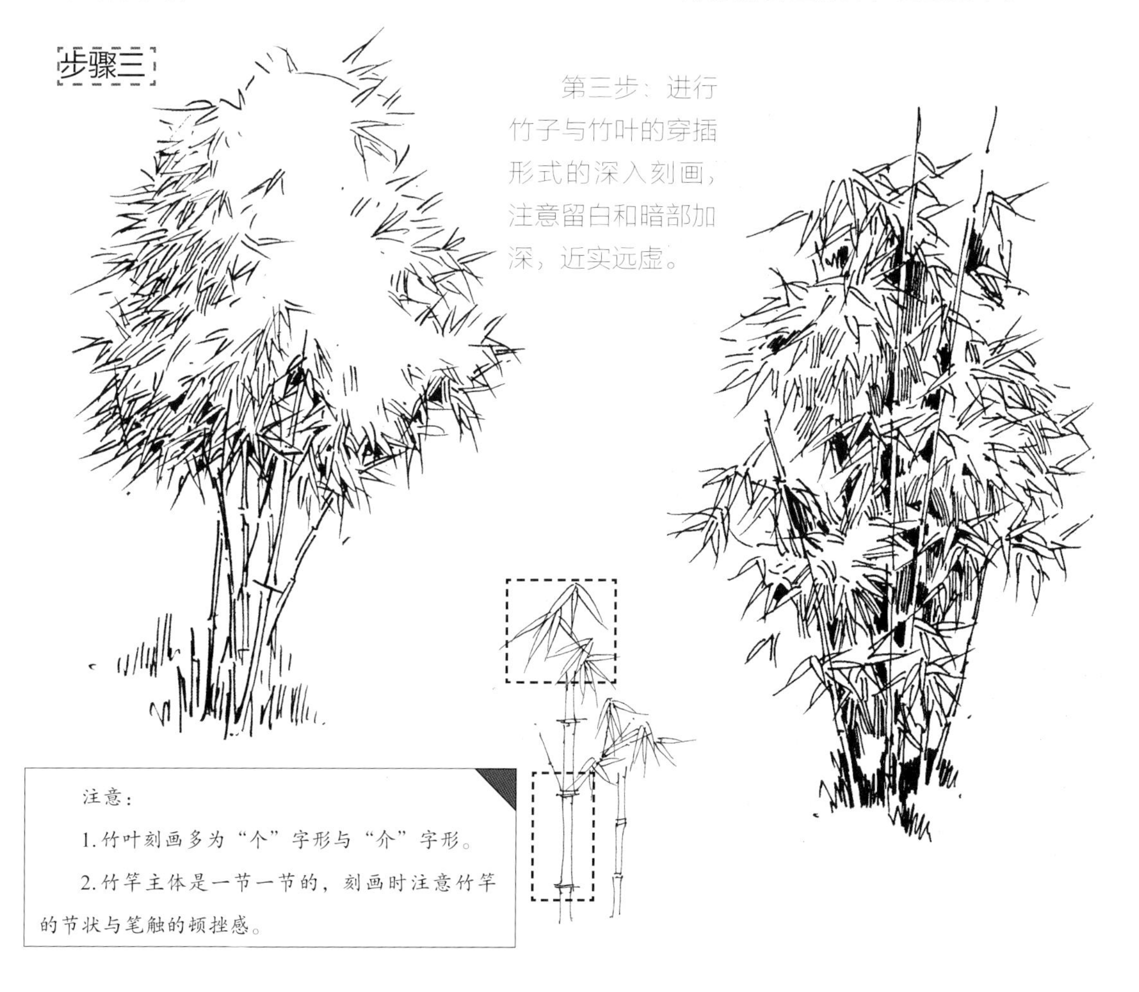

第三步：进行竹子与竹叶的穿插形式的深入刻画，注意留白和暗部加深，近实远虚。

注意：

1. 竹叶刻画多为“个”字形与“介”字形。

2. 竹竿主体是一节一节的，刻画时注意竹竿的节状与笔触的顿挫感。

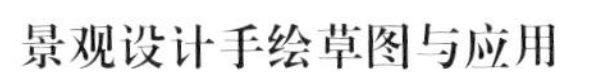

乔木线稿赏析

常见乔木表现

灌木

步骤一

第一步：简单画线勾出绿篱整体外形，以"几"字形线画出枝叶的外轮廓线。

步骤二

第二步：按来光方向加深背光面。

步骤三

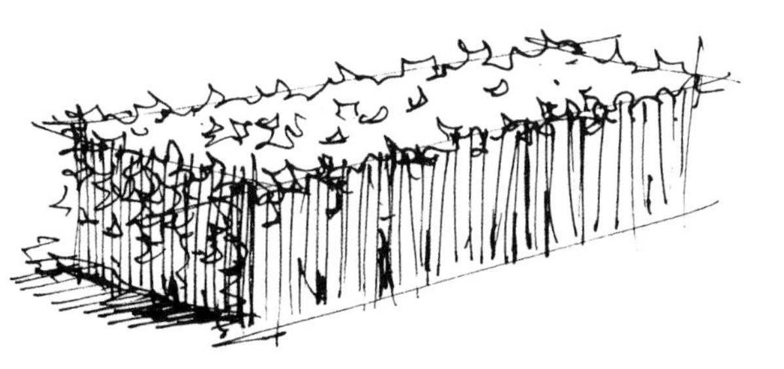

第三步：加强光影关系，顶面多留白，画出少量空隙，便于后期上色，立面以竖线排列形式表现。

灌木线稿赏析

常见灌木表现

观赏草

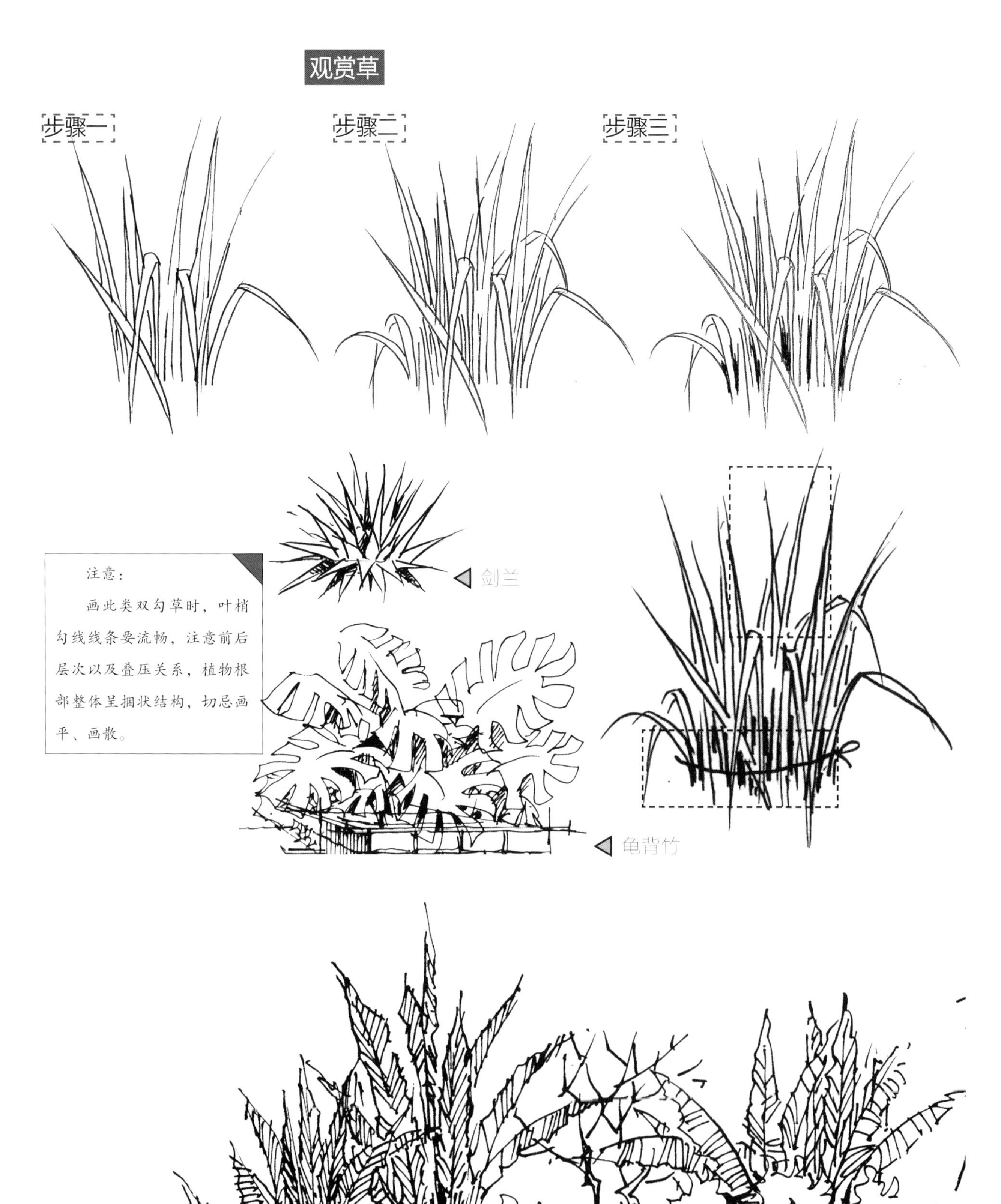

剑兰

注意：

画此类双勾草时，叶梢勾线线条要流畅，注意前后层次以及叠压关系，植物根部整体呈捆状结构，切忌画平、画散。

龟背竹

观赏草组团表现

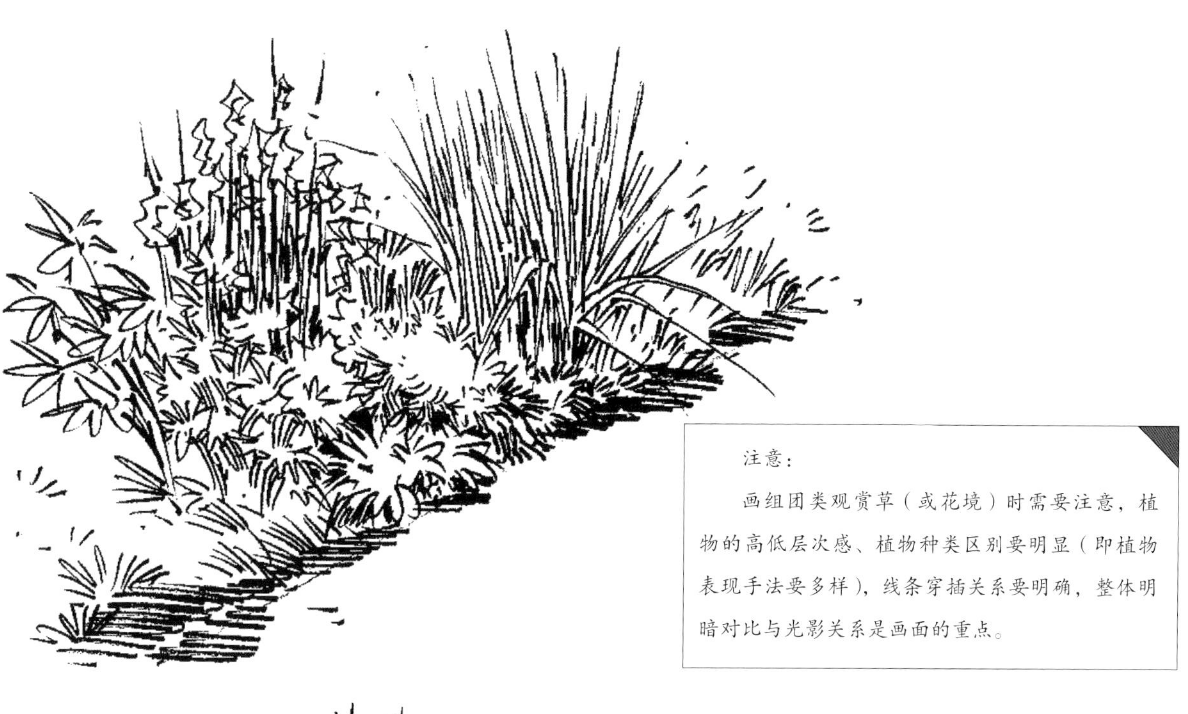

注意：

画组团类观赏草（或花境）时需要注意，植物的高低层次感、植物种类区别要明显（即植物表现手法要多样），线条穿插关系要明确，整体明暗对比与光影关系是画面的重点。

▲ 观赏草组团表现

水生植物

△ 不同水生植物表现

地被（草）

△ 地被植物表现

第二节　石类配景

太湖石

步骤二

步骤三

注意：

太湖石的肌理主要是以线条的方圆结合来绘制，整体外轮廓要用偏方硬的线条将不规则外形刻画出来；太湖石的体积及质感则需要抓住透、漏、瘦、皱的特点用长短排线表现出来。

△ 太湖石形态表现

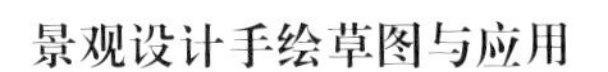

千层石

△ 千层石组合表现

置石

△ 置石组合表现

驳岸石

△ 驳岸石组合表现

第三节　传统园林元素

中国传统建筑屋顶

中国传统古建屋顶种类很多。硬山顶、悬山顶、歇山顶、庑殿顶、攒尖顶、盝顶等是比较典型的屋顶类型，再加上屋檐有单层、双层和多层之分，使得屋顶的样式在原有基础上又大大增加。虽然现在流行新中式风格的建筑与景观，但是这些传统建筑的特点是新中式里非常重要的一个元素，新中式风格的建筑及景观都是在传统文化基础上进行演变简化的，所以传统文化也是需要掌握的一个比较重要的知识点。

一、硬山顶

硬山顶——硬山式屋顶，是中国传统建筑双坡屋顶形式之一。房顶的两端，即屋面两端与房屋两侧山墙齐平或者略宽出山墙一点。硬山顶是两坡出水的五脊二坡式，属于双面坡顶的一种。特点是有一条正脊，四条垂脊，形成两面屋坡。左右侧面垒砌山墙，多用砖石，高出屋顶。屋顶的檩木不外悬出山墙。屋面夹于两边山墙之间。因其等级较低，在皇家建筑及大型寺庙建筑中，没有硬山顶的存在，多用于附属建筑及民间建筑。

特点：五脊、双面坡（即两出水）、屋顶两侧与山墙齐平或略宽出一点。

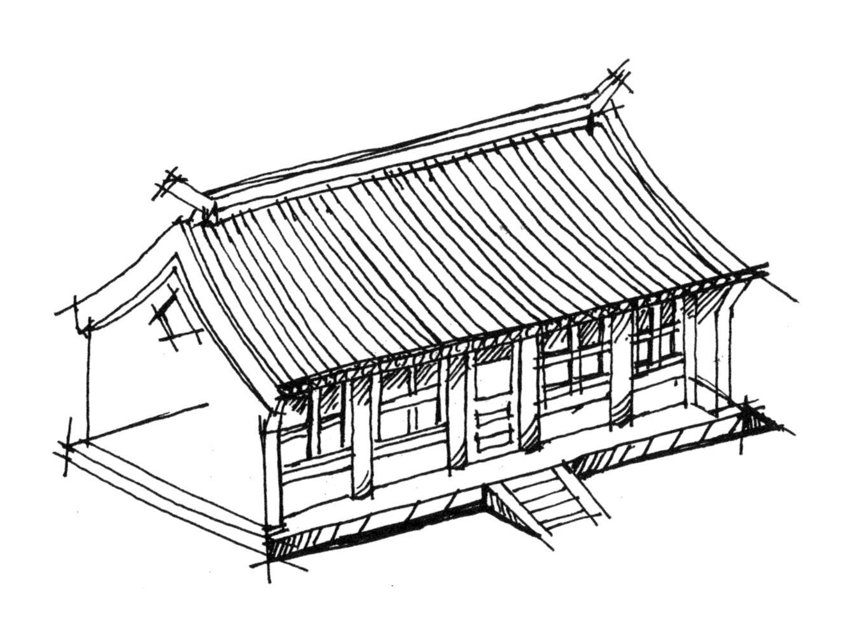

二、悬山顶

悬山顶是两面坡顶的一种，与硬山顶较为相似。悬山顶也是中国传统建筑中最常见的一种形式。与硬山顶不同的地方在于，悬山顶屋檐悬伸在山墙以外，因此又被称为挑山或者出山。悬山顶是两坡出水的殿顶，五脊二坡。两侧的山墙凹进殿顶，使顶上的檩端伸出墙外，钉以博风板。

特点：五脊、双面坡（即两出水）、屋顶两侧悬挑出山墙。

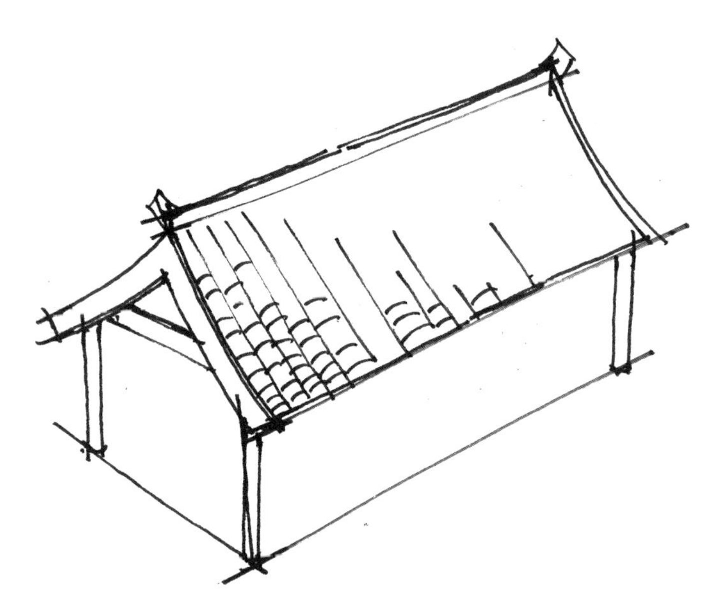

三、庑殿顶

庑殿顶——庑殿式屋顶，其特别之处在于四面都是斜坡（俗称四大坡），又稍微向内弯曲形成弧度。因此庑殿顶又被称为“四阿顶”，宋朝称其为“庑殿”，清朝称“庑殿”或者“五脊殿”。庑殿顶有五条屋脊，即一条正脊与四条斜脊，通俗地讲就是五脊四坡。

特点：五脊、四面坡（即四出水），四面坡均为斜坡。

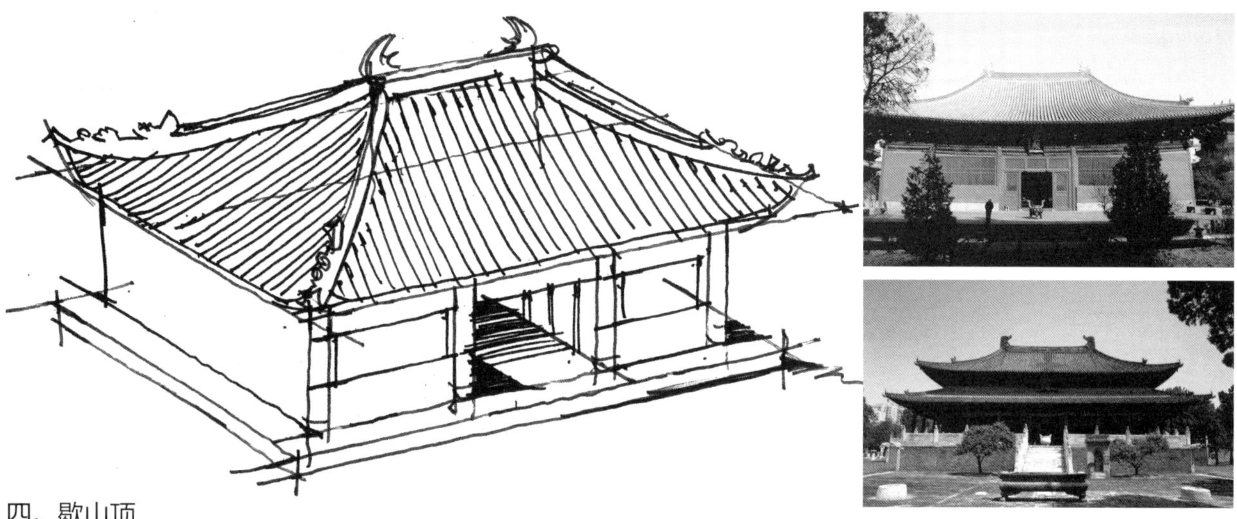

四、歇山顶

歇山顶——歇山式屋顶，是中国传统古建屋顶样式之一，也是等级较高的建筑样式。其主要特征是有九条屋脊，因此也被称之为"九脊顶"，即一条正脊，四条垂脊和四条戗脊。歇山顶上半部分为悬山顶或者硬山顶的形式，而下半部分是庑殿顶的形式，两者结合，并且歇山顶利用直线和曲线相结合，使屋顶整体结构看起来棱角分明、结构清晰。歇山顶在殿宇之中被广泛运用。

特点：九脊、四出水，四面坡均为斜坡。

五、歇山顶画法步骤

步骤一

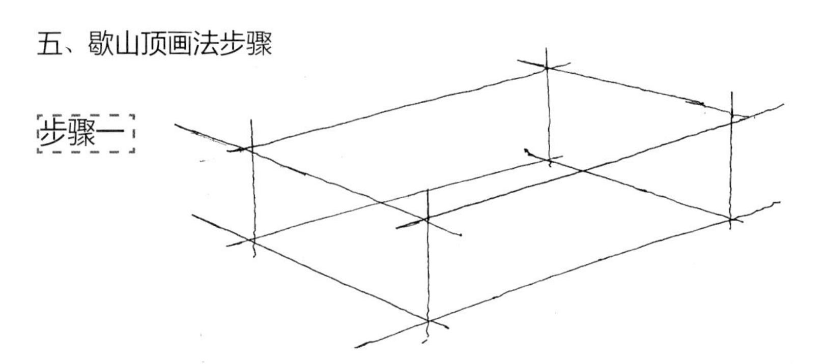

首先，画出一个建筑主体透视框架，确定建筑主体的长、宽、高。

步骤二

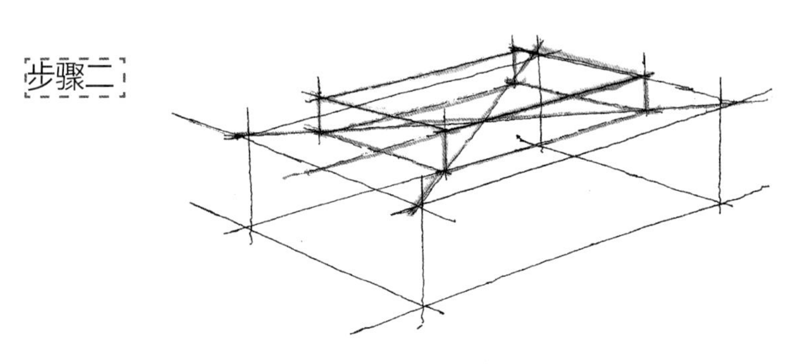

在主体顶面连接对角线即可得到建筑屋顶的中心，由中心可推出歇山屋顶的支撑框架定位，向上引垂线确定“庑殿檐”的高度。

步骤三

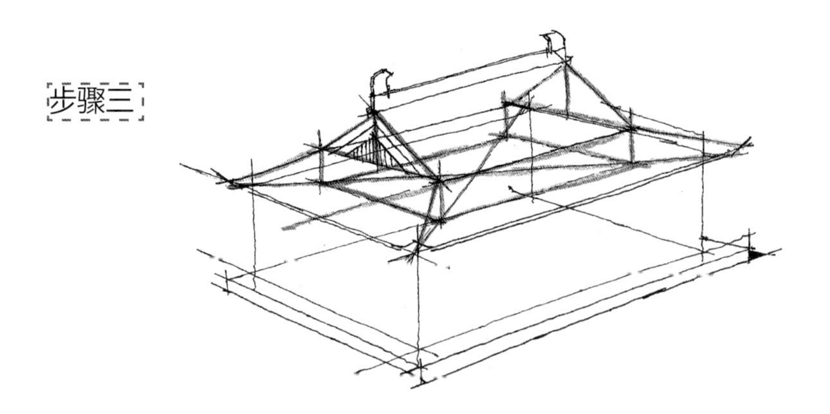

通过已得到的透视框架，画出基本歇山顶结构，加强屋顶瓦面及屋脊的线条。

步骤四

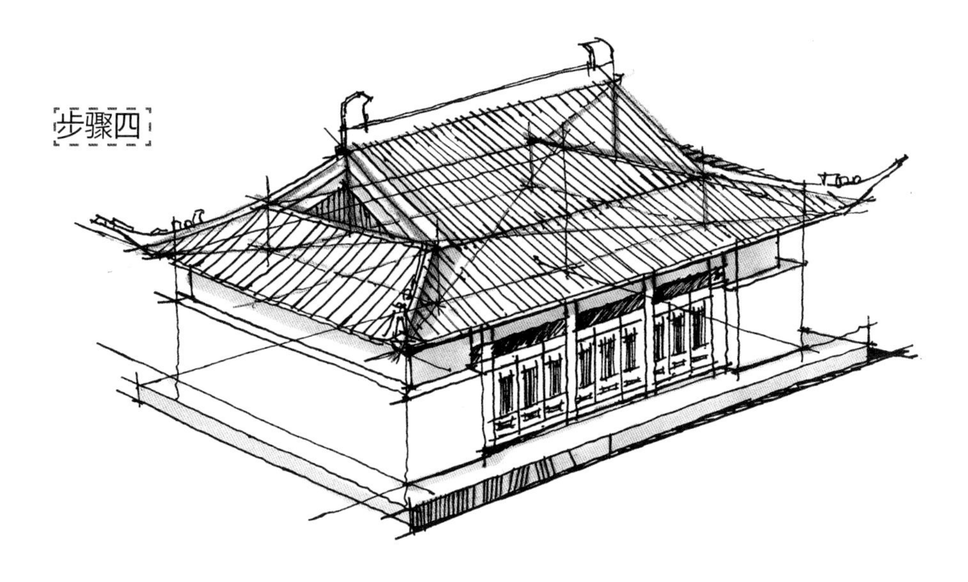

继续丰富屋顶结构，绘制屋顶九脊（画面可视七条屋脊）、屋面瓦，注意瓦的方向与坡度，最后刻画门窗、台基，这样一个歇山顶建筑即绘制完成。

六、重檐屋顶

重檐屋顶有很多种类，其中最典型的两种就是重檐庑殿顶和重檐歇山顶，这两种重檐屋顶是在单檐的庑殿顶或者歇山顶下端增加一层屋顶延伸而来。这两种重檐屋顶在中国传统古建筑中占有极高的地位，大多都用于宫殿或者高等级官吏住所等重要场所。

特点：双层屋檐，有重檐歇山顶与重檐庑殿顶。

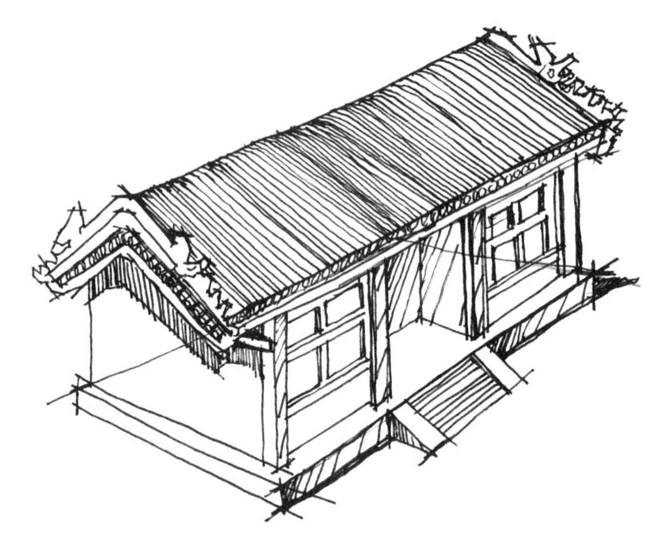

七、卷棚顶

又称元宝脊，屋面双坡相交处无明显正脊，采用卷棚脊的方式建造，做成弧形曲面的屋面。多用于园林建筑中，如颐和园中的谐趣园，屋顶的形式全部为卷棚顶。在宫殿建筑中，太监、佣人等居住的边房，用卷棚顶居多。卷棚顶是从歇山顶、悬山顶、硬山顶衍生而来的。

特点：无正脊，大多为双面坡屋顶（或歇山顶）。

八、攒尖顶

攒尖顶——攒尖式屋顶，是中国传统古建筑样式之一，其特征是屋顶为锥形，因此宋朝称之为“撮尖”或是“斗尖”，到清朝时称为“攒尖”。攒尖顶没有正脊，四条垂脊顶部集中于一点，即“宝顶”。攒尖顶多用于亭、榭、塔等建筑。而攒尖顶又被分为很多种，有圆攒尖、三角攒尖、四角攒尖、六角攒尖等样式，其中角式攒尖顶有同其角数相同的垂脊，而圆攒尖没有垂脊。

特点：除圆攒尖外，其余角式建筑的垂脊都集于顶部一点。

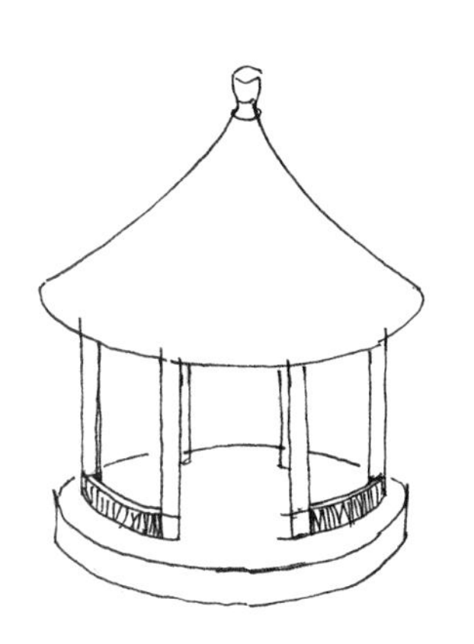

九、盝顶

盝顶，中国传统古建筑屋顶样式之一。其主要特征是屋顶顶部由四条正脊围成平顶，屋顶周围一圈加上外檐，简单地说就攒尖顶削去尖部，重檐接一个庑殿顶。盝顶大多用于帝王庙中井亭的顶口。古代的井亭（盝顶）最大的特点是顶子中央开有露天的洞口，目的是纳光以看清水井中的东西，但在明、清时期，也有许多建筑使用盝顶的样式，例如明代故宫的钦安殿就是盝顶。

特点：顶部由四条正脊围成平顶，下接庑殿顶，形态样式类似于攒尖顶削去尖部。

马头墙

马头墙，是中国徽派建筑中一个重要特色。马头墙是指高于屋面的山墙顶端部分，又被称为“风火墙”“封火墙”“防火墙”，因为造型类似马头，由此得名“马头墙”。马头墙高低错落，一般为两叠式或三叠式，较大的民居因有前后厅，马头墙的叠数可多至五叠，俗称“五岳朝天”。

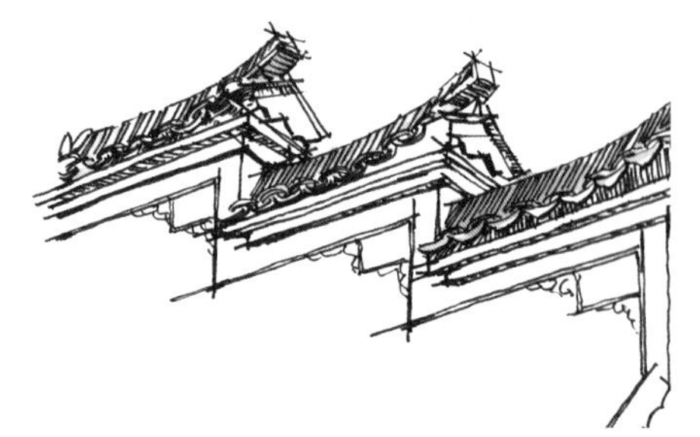

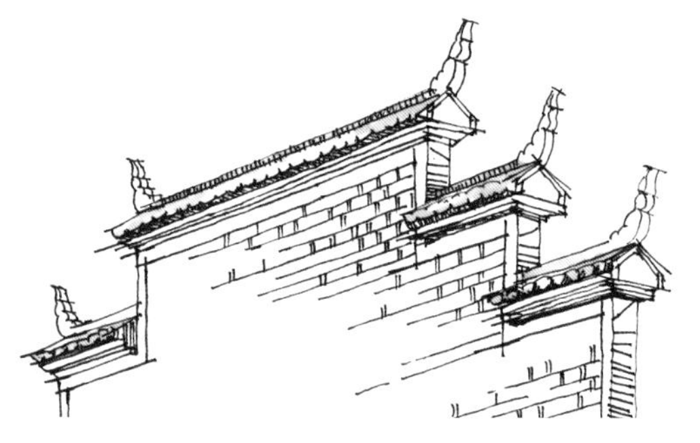

抱鼓石

石鼓，又称抱鼓石、门鼓、石鼓、螺鼓石，门枕石的一种，是放置于寺庙、住宅、桥梁、山门、牌坊等建筑的门槛、头尾两旁的圆形石雕，可以稳固门面、装饰建筑。石鼓有一个犹如抱鼓的形态承托于石座之上，故此得名。石鼓鼓面常刻有螺旋纹，又称为螺鼓石。石鼓鼓面也会刻有龙凤、花鸟等纹路。

一、抱鼓石画法步骤

步骤一

首先，画出一个抱鼓石主体透视框架，确定抱鼓石的长、宽、高。

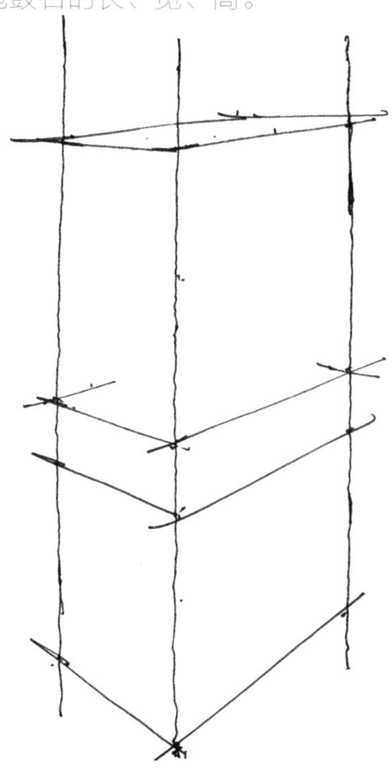

步骤二

在抱鼓石透视框架的基础上，确定抱鼓石的石鼓和石座的透视关系，近大远小。

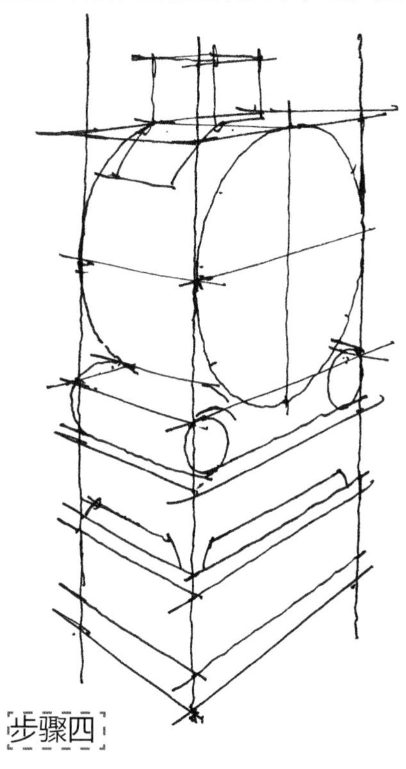

步骤三

根据大的透视关系画出纹路的大致位置以及大小尺寸。

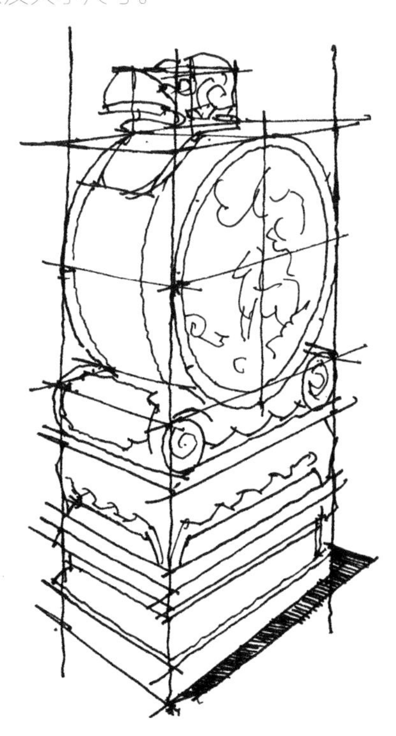

步骤四

深入刻画抱鼓石上的瑞兽和纹路，明确明暗关系。

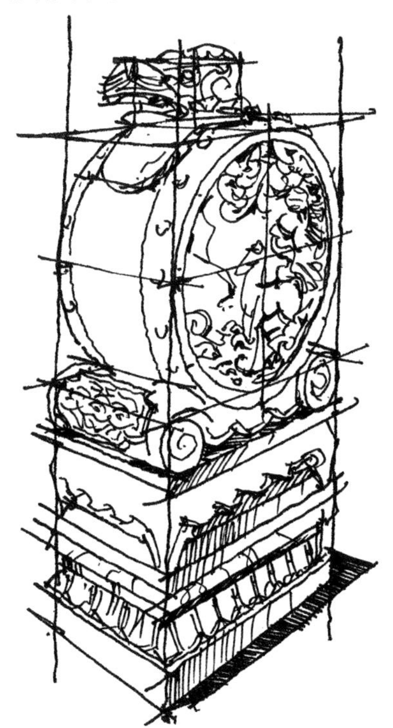

二、抱鼓石瑞兽

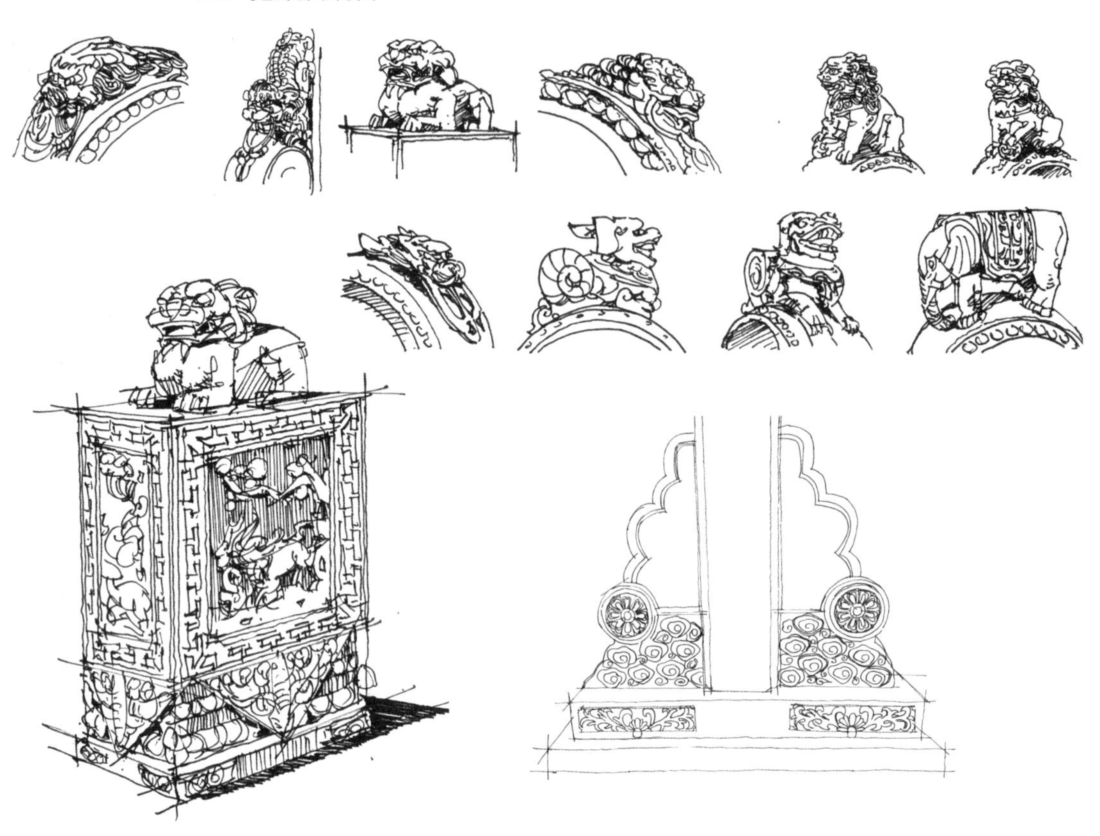

垂花门

俗话说："大门不出，二门不迈"。其中的"二门"是指什么呢？"二门"就是我们所说的垂花门。它是我国古代汉族民居建筑院落内部的门，是四合院中一道很讲究的门，也是内宅与外宅（前院）的分界线和唯一通道。因其檐柱不落地，垂吊在屋檐下，故称为垂柱，其下有一垂珠，通常彩绘为花瓣的形式，故被称为垂花门。

一、单卷棚式垂花门

单卷棚式垂花门在四合院中也常被采用。这种垂花门的屋面构成比较简单，仅一个卷棚悬山。与它相对应的木构架也做成单檩或双檩卷棚的形式。如果是单檩卷棚，则通进深（含垂步在内）为4步架，用5根檩，称为五檩卷棚，这种五檩的垂花门也有做成带正脊的例子。如果是双檩卷棚，则通进深为4.5步架，用6根檩，称为六檩卷棚。

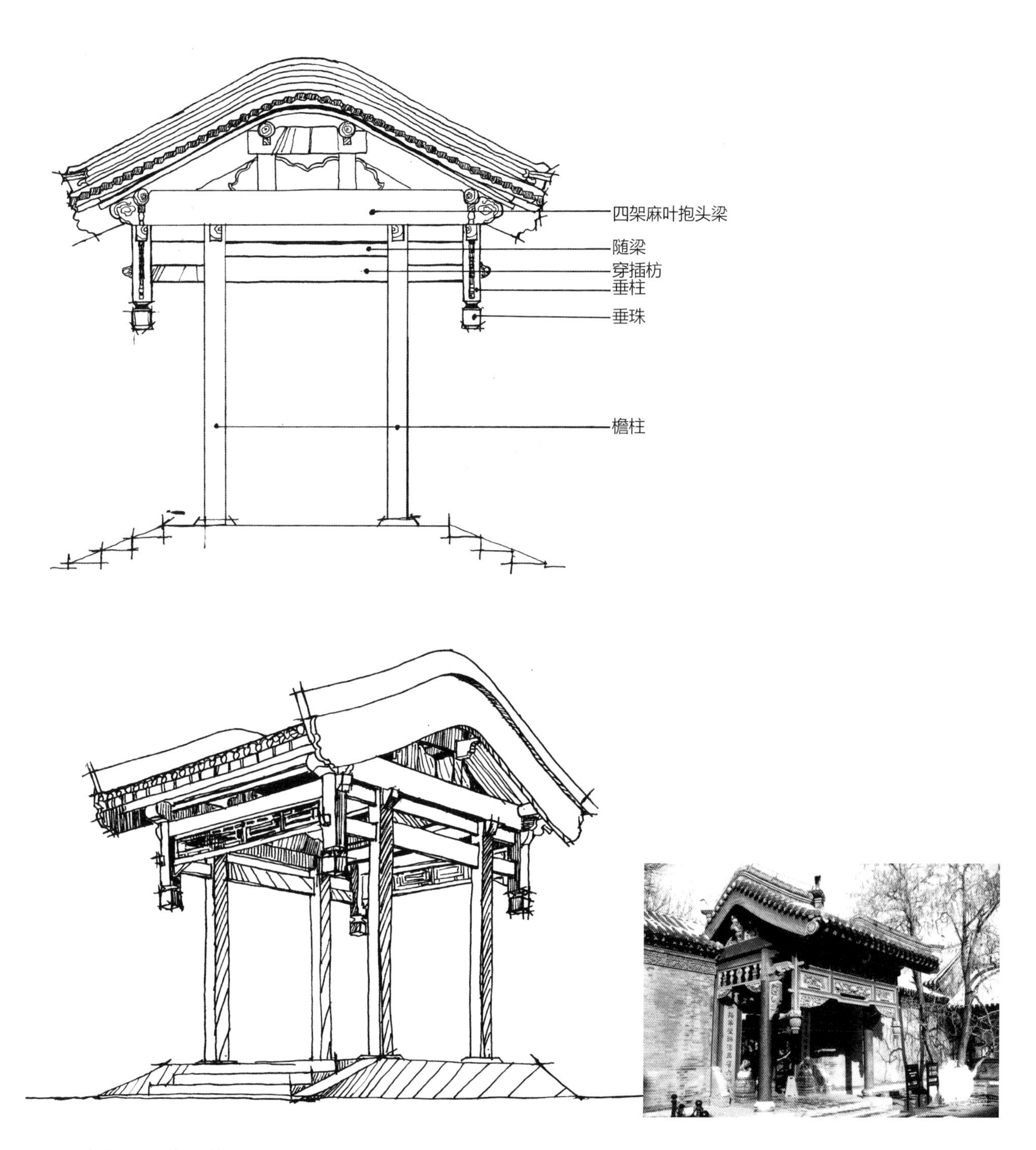

二、独立柱担梁式垂花门

这是垂花门中构造最简洁的一种，它只有一排柱，梁架与柱十字相交，挑在柱的前后两侧，梁头两端各承担一根檐檩，梁头下端各悬一根垂莲柱。从侧立面看，整座垂花门形如樵夫挑担，所以又被形象地称为“二郎担山”式垂花门。独立柱担梁式垂花门多见于园林之中，作为墙垣上的花门，在古典皇家园林及大型私园中不乏其例。这种垂花门的特点是两面完全对称，从任何一面观赏都有相同的艺术效果。垂花门的两柱间装槛框，安装攒边门或屏门。

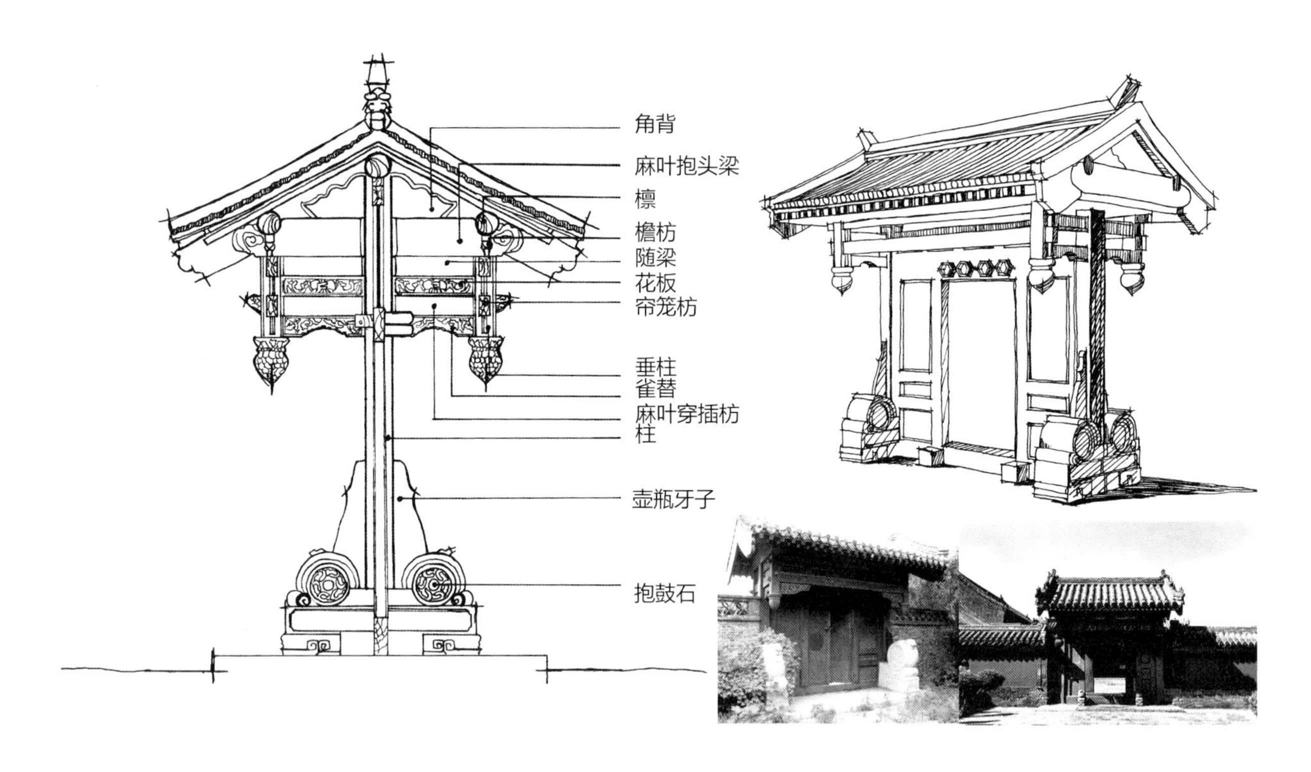

三、一殿一卷式垂花门

一殿一卷式垂花门是垂花门中最普遍、最常见的形式。它既常用于宅院、寺观，也常用于园林建筑。从正立面看，为大屋脊悬山形式，两个垂莲柱悬于麻叶梁头之下，其间由帘笼枋、照面枋相联系。在照面枋之下，有的安装花罩，做各种题材的雕刻，也可装雀替。在前檐两柱间安装槛框、门扉。垂花门的背立面为卷棚悬山形式，柱间装屏门，起屏障作用。

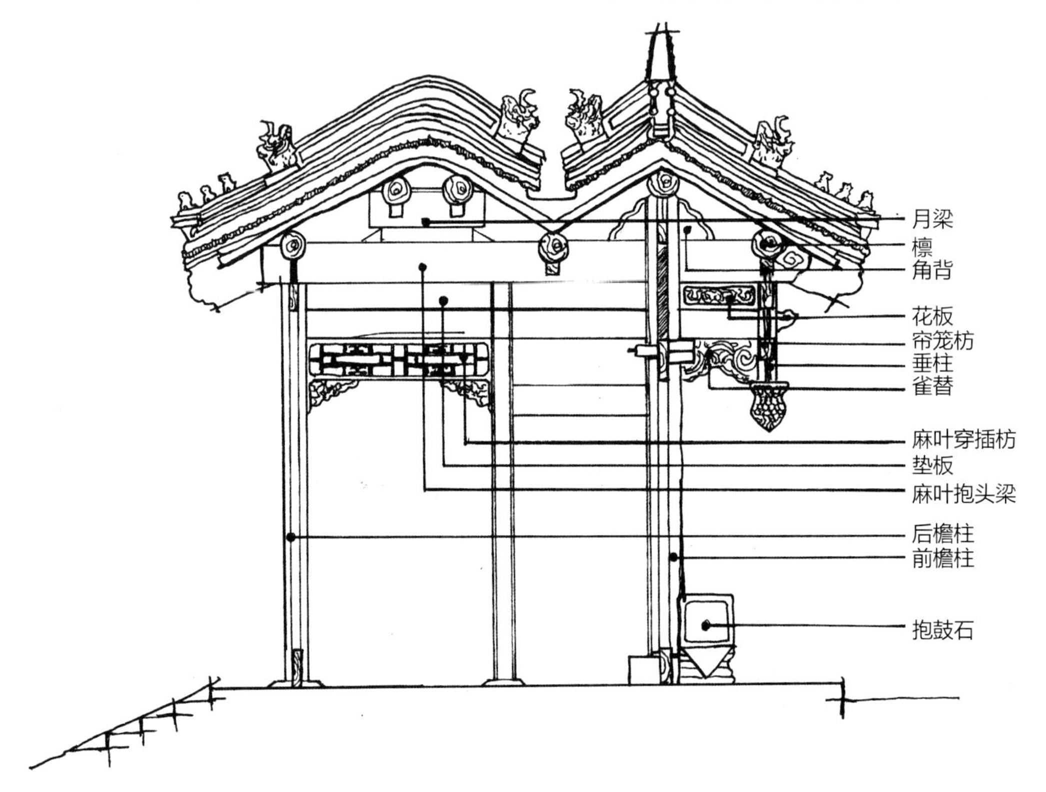

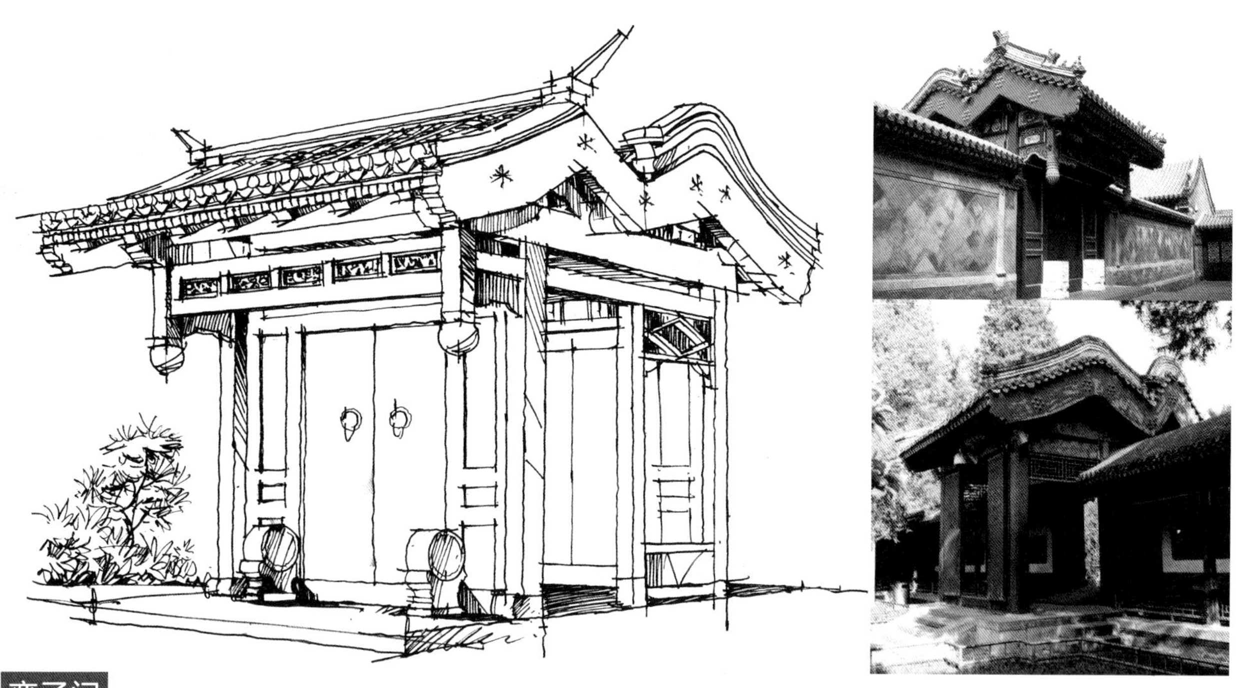

蛮子门

在胡同里还经常看到一种大门，叫“蛮子门”，槛框、余塞、门扉等安装在前檐檐柱间，大门更靠前，外门道更小。京剧大师梅兰芳一家居住的护国寺街9号院，现存大门就是蛮子门。

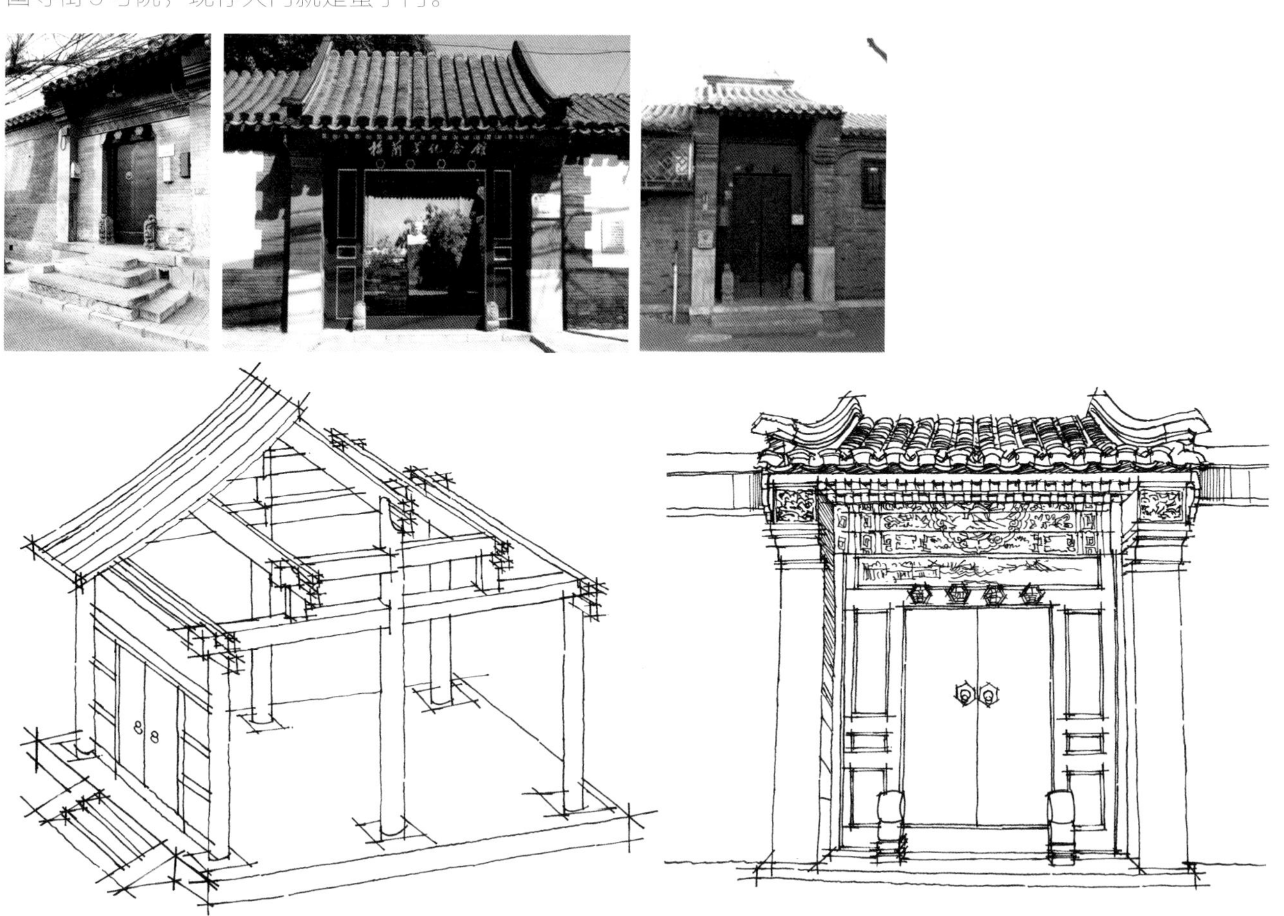

第四节　配景人物

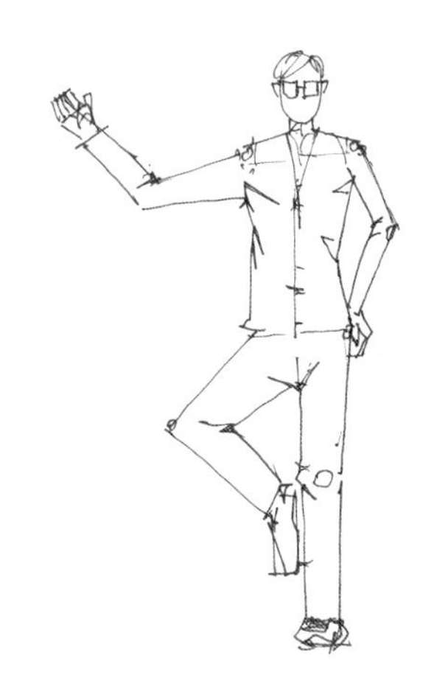

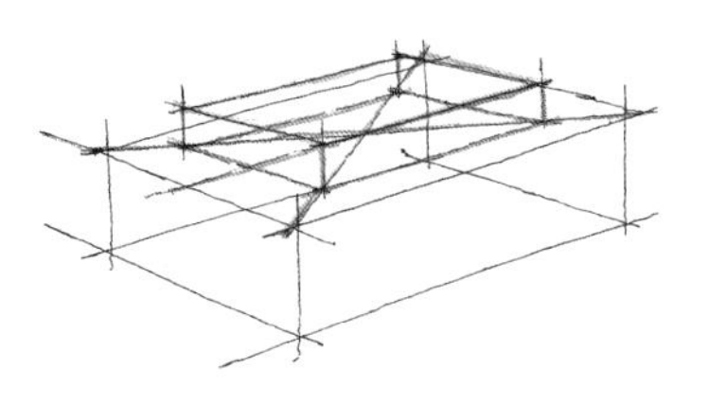

人物在场景中起到很重要的作用，其最重要的一点是起到一个参照作用。往往一幅单独的场景作品中会缺少尺度感，而在画面中加入人物便可以衡量并控制场景中的空间感和尺度感。

绘制人物时，需要注意人物的比例，这就会用到一个口诀“站七坐五蹲三半”。这指的就是一个正常人的头与身体的比例关系，站着的情况下是七个头长，坐着是五个头长，而蹲着就是三个半头长。

手绘设计草图当中的人物不需要刻画得太精细，图形简洁即可，抓住基本动态灵活表现，同时刻画时需要快速果断。

第五节 配景汽车

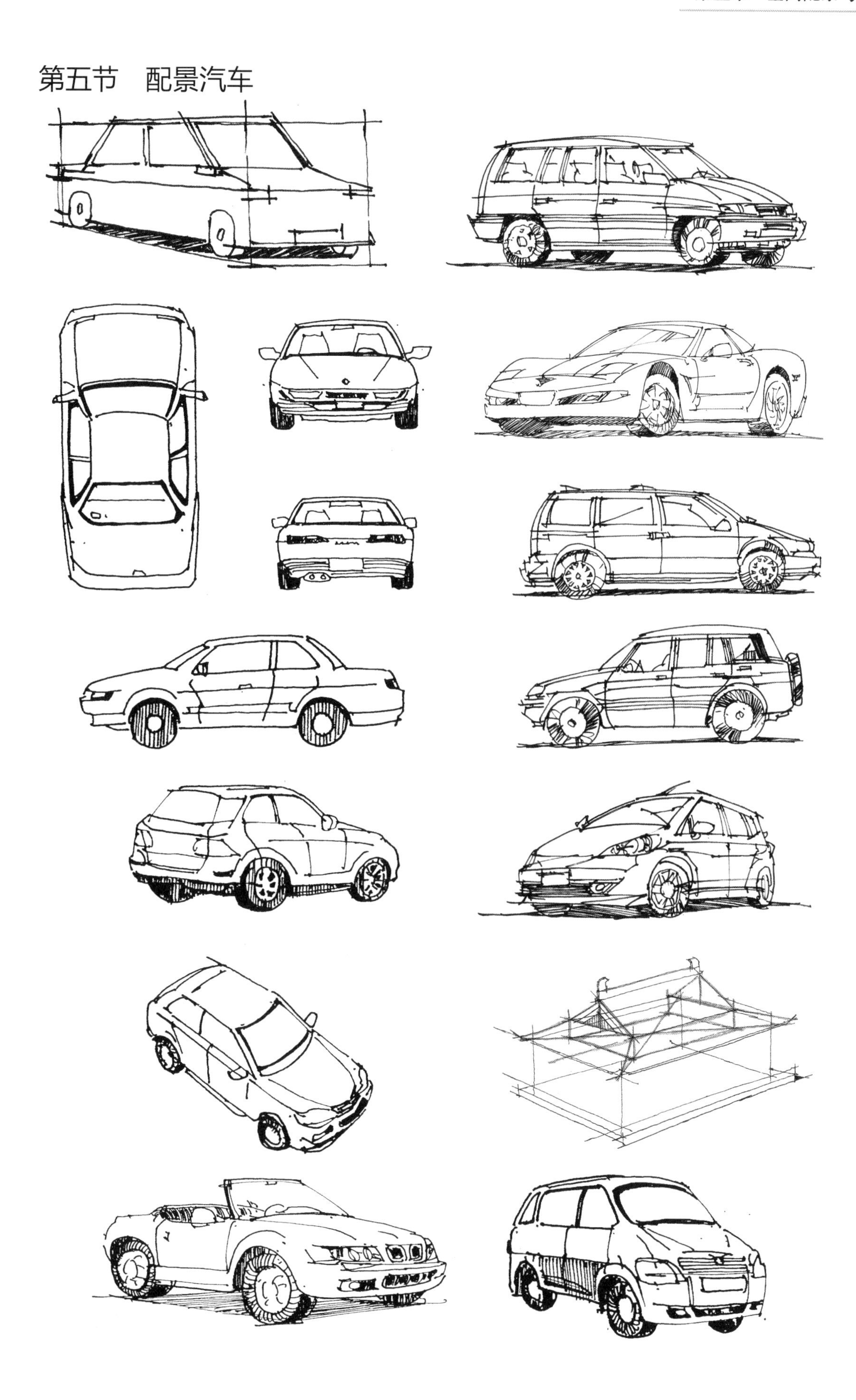

第六节　配景构筑物

构筑物是园林景观设计中的重要组成部分。构筑物种类有很多，例如景墙、亭子、廊架、坐凳等。这些构筑物风格差异很大，有中式、欧式、现代等，并且材质上也有很大的区别，因此在手绘作品中表现手法也会不同。好的构筑物会使一幅手绘作品画面更加丰富完整。下面就详细展示各类构筑物的表现手法。

景墙

景墙是园林景观中常见的小品，形式不拘一格，起到分隔空间、遮挡劣景的作用，按材料和构造可分为版筑墙、乱石墙、磨砖墙等。

亭子

亭子多建于园林、路旁花园里，供人休息、避雨、乘凉用，材料有木材、石材、钢筋混凝土、玻璃、金属、有机材料等，是常用来点缀园林景观的小品。

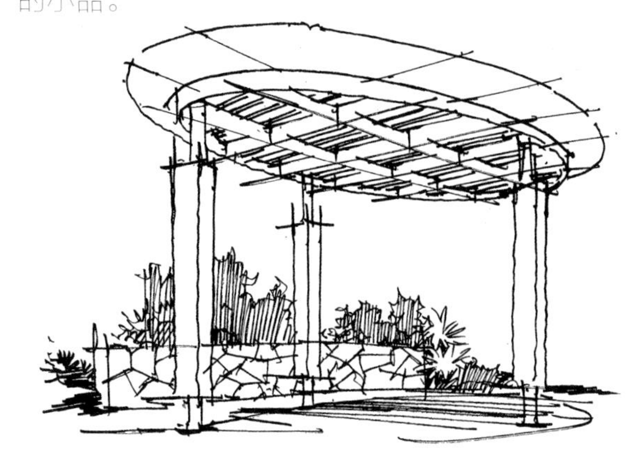

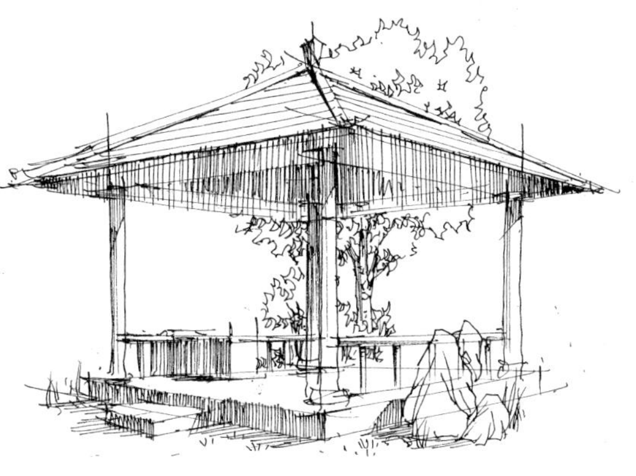

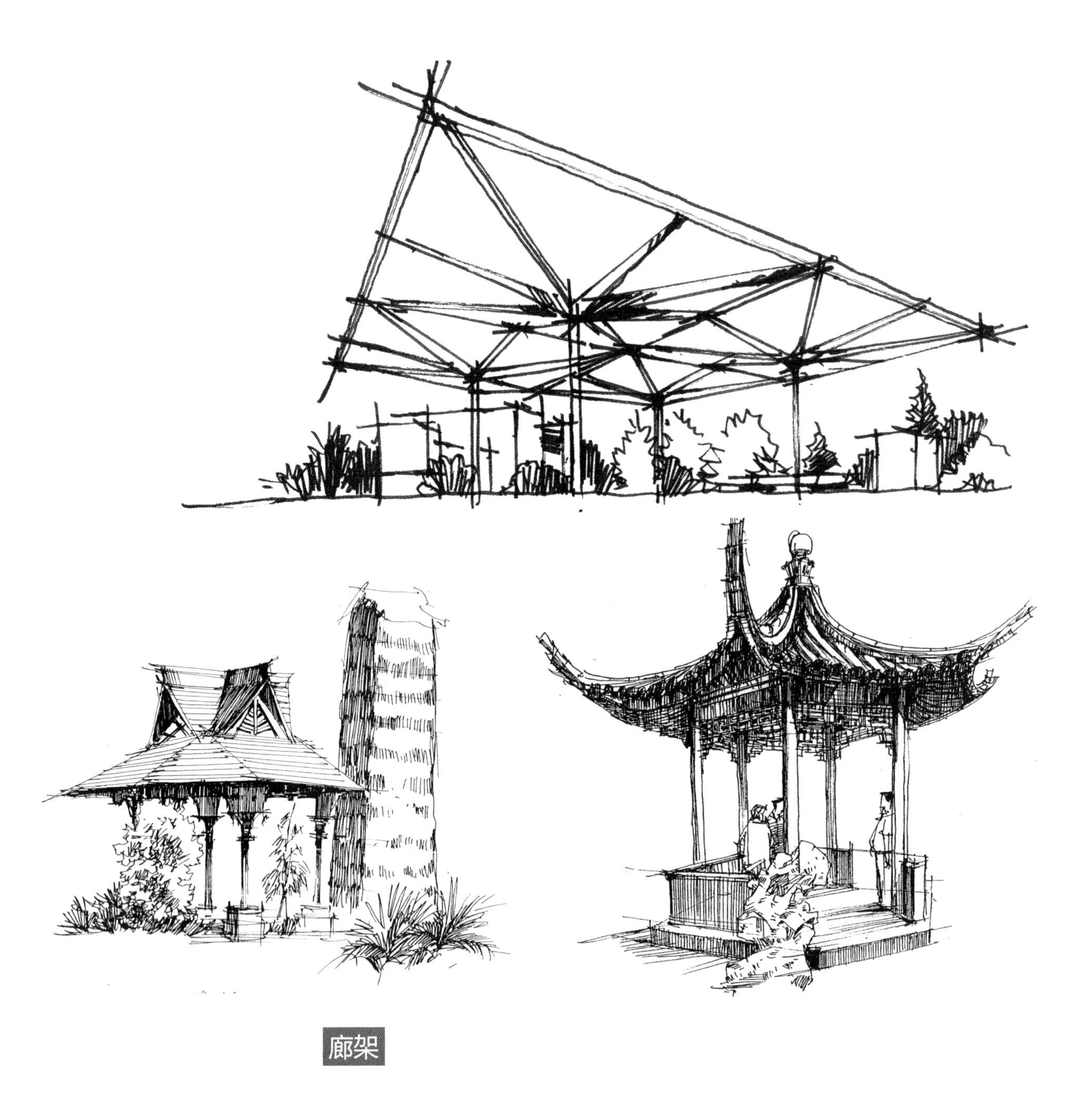

廊架

廊架的形式多种多样，可应用于各类园林绿地中，常设置在风景优美之处供人们休息使用，同时也起到点景作用，能给小区、广场、公园增添浓厚的人文气息。

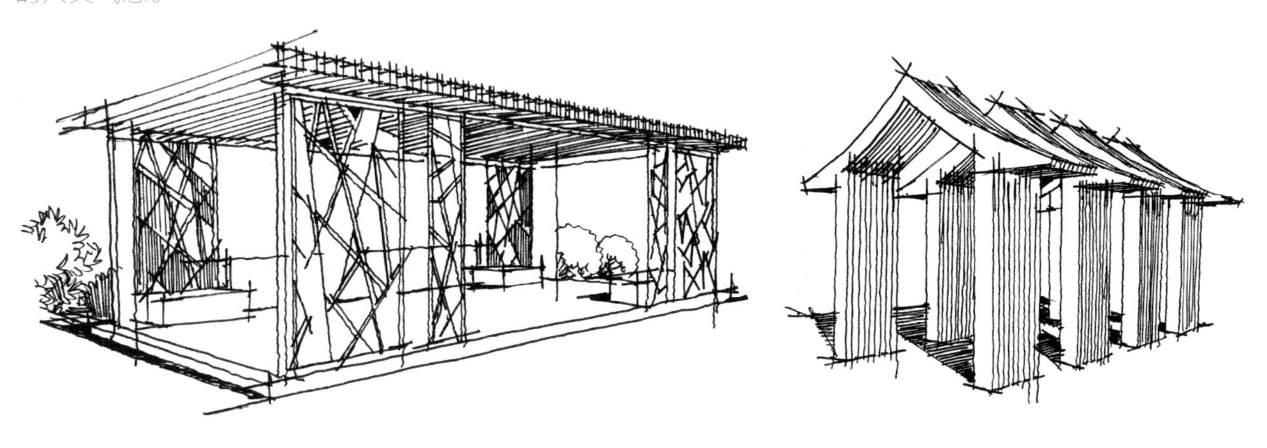

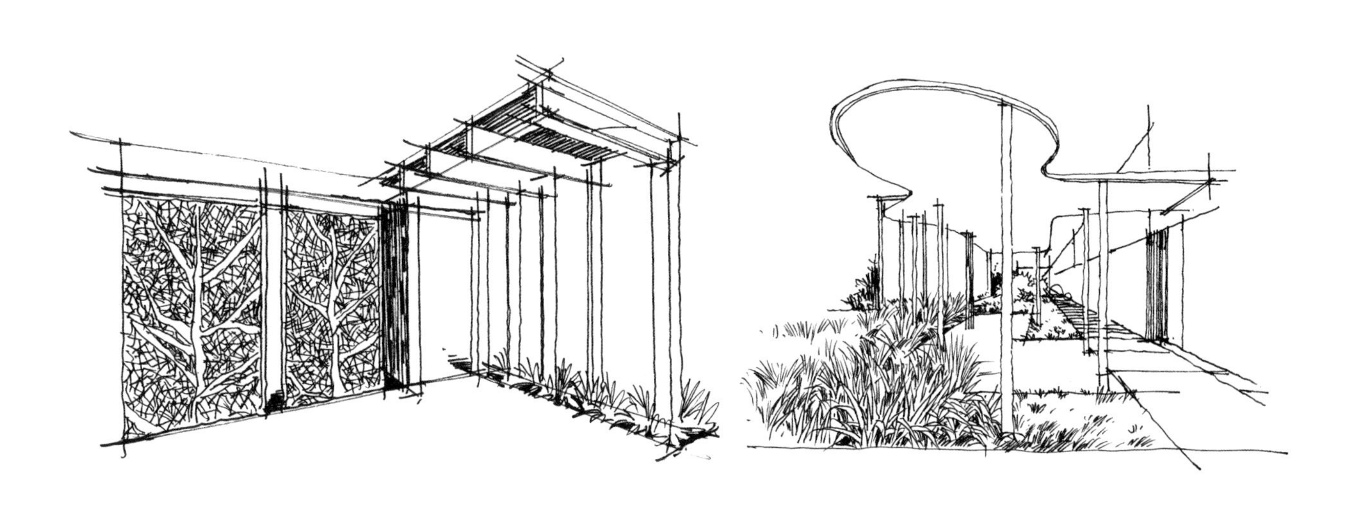

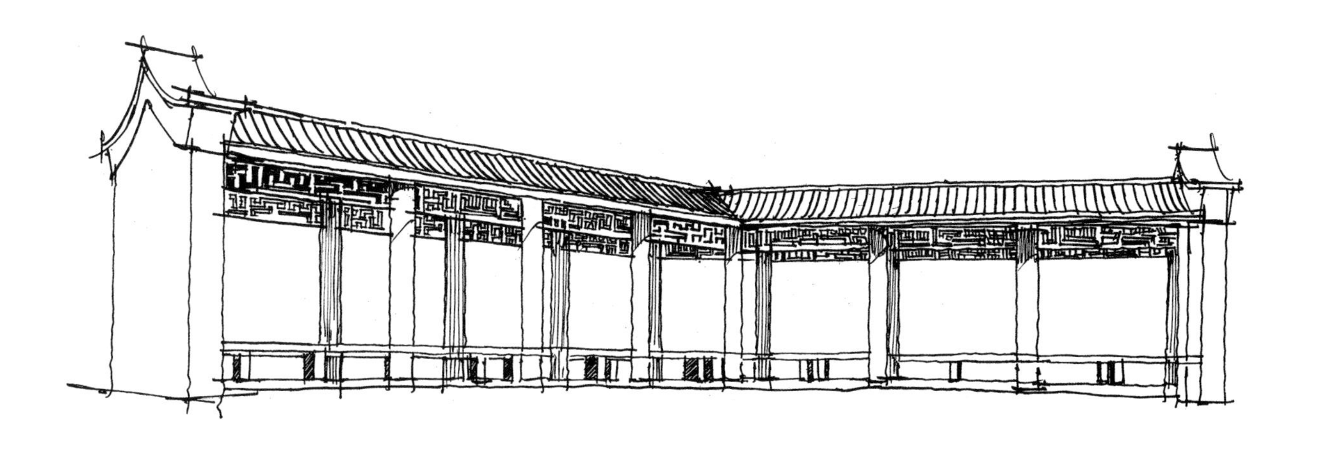

座椅

座椅多用于公园、小区、广场等公共场合，一般整体高度在35 ~ 40厘米左右，是城市景观中重要的一部分。除了本身功能外，它所发挥的作用还体现在其装饰性和意象性上。

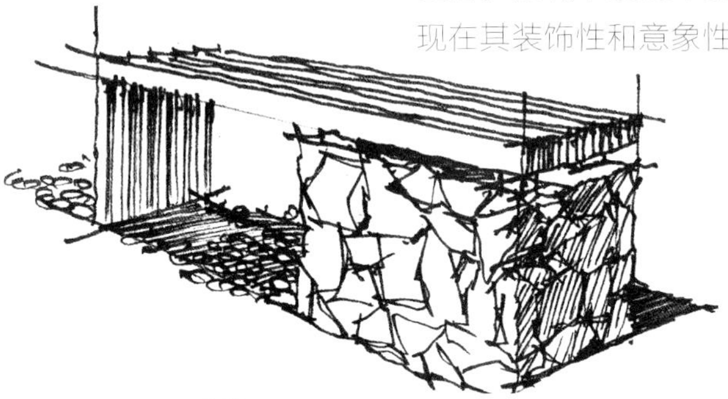

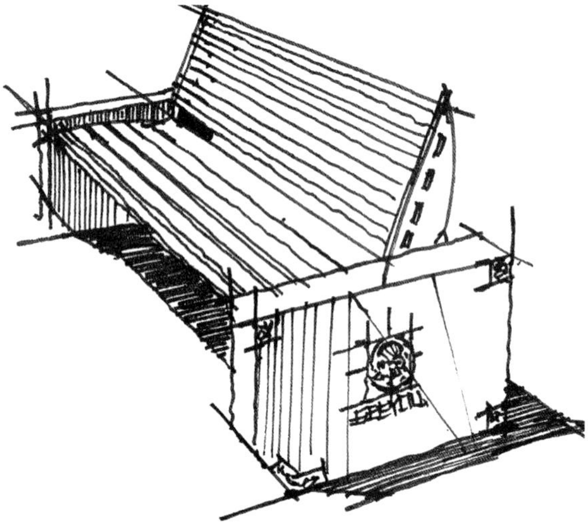

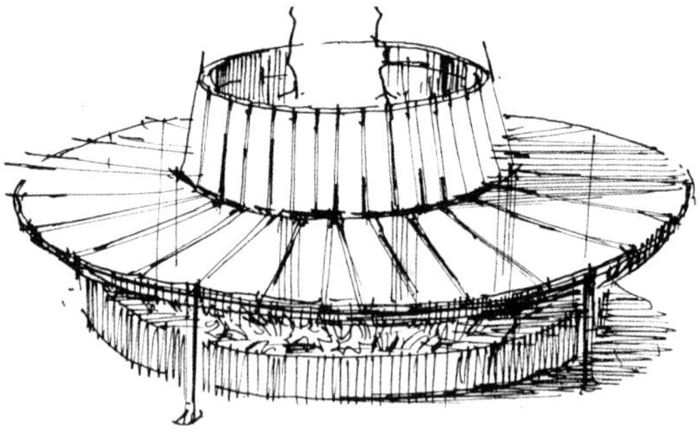

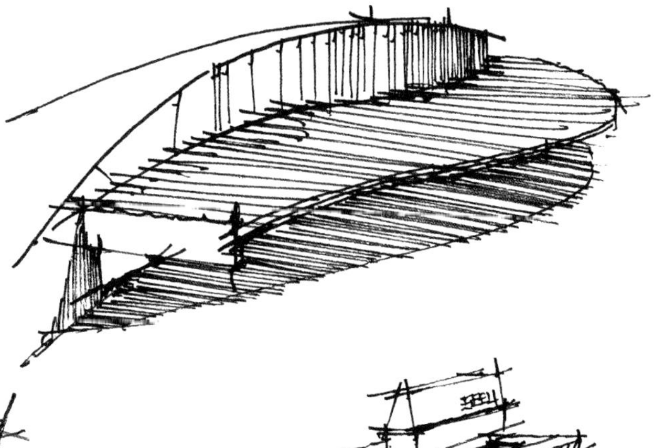

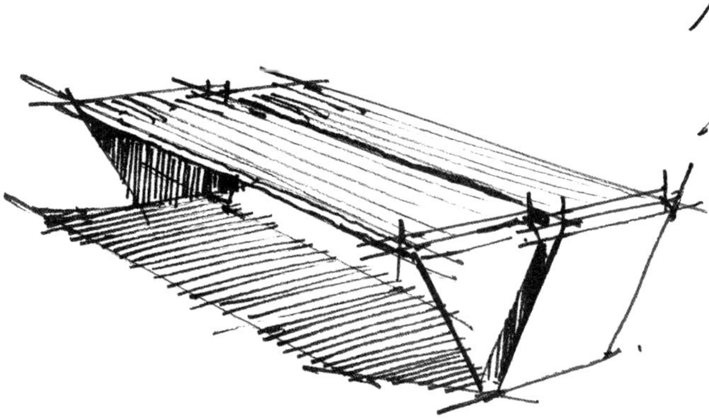

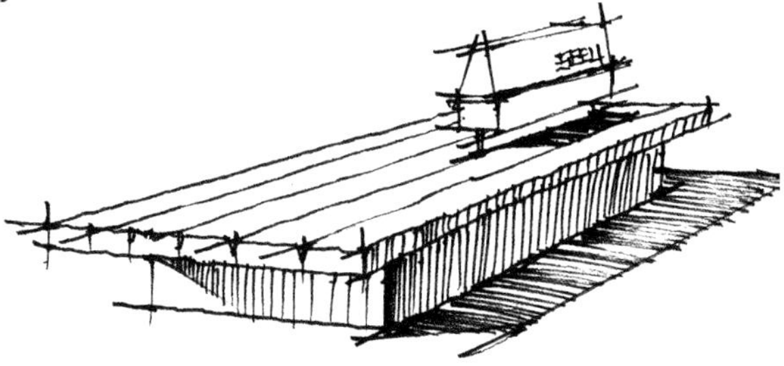

第七节　水景

水景在设计手绘中占据很重要的地位，无论是从材质，还是从表现形式上都与别的物体有所区别。在一个场景中，水景起到一个与别的物体连接的作用，有时也起到空间分割的作用。

动水

动态水通常有河流、溪流、瀑布等表现形式。动态水的表现可使画面更加活跃，不呆板拘谨。

静水

静态水大多出现在泳池、镜面水池等地方。静态水最大的特点就是水面稳定，相对于动态水表达起来更为容易，只需要简单表现水纹以及倒影即可。

叠水

在绘制叠水时，对于水幕线条、水花要注意用笔轻快流畅，同时注意线条的疏密与留白，水花用笔要随意，通过长短点的变化来表达质感。

瀑布

在瀑布流水的表现上，水流的线条需要更密集，并且需要营造自然的氛围。

喷泉

喷泉也是叠水景观表现的一种，多与水池相结合，不同的喷泉水流均有不同的表现手法。

第八节　空间场景的综合表现

空间场景绘制步骤

一、简单透视场景的绘制

这是一张简单的透视场景，但是需要表达全面，基本涵盖了之前讲过的配景物体。下面先简单熟悉一下景观综合场景表现的步骤。

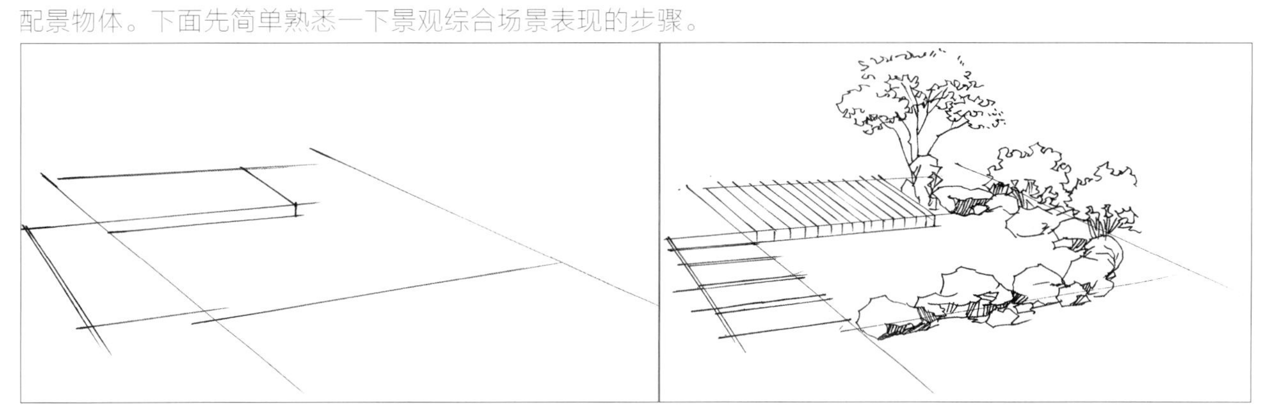

步骤一　　步骤二

步骤三　　步骤四

二、一点透视场景绘制

首先需要观察图片，分析场景是一个什么类型的透视形式，再分析场景中都有哪些物体。右图中整个场景可以概括为一个一点透视的场景，其中近景是一片静态水，主体物是新中式建筑，配景有一些大乔木和球类植物。

场景照片

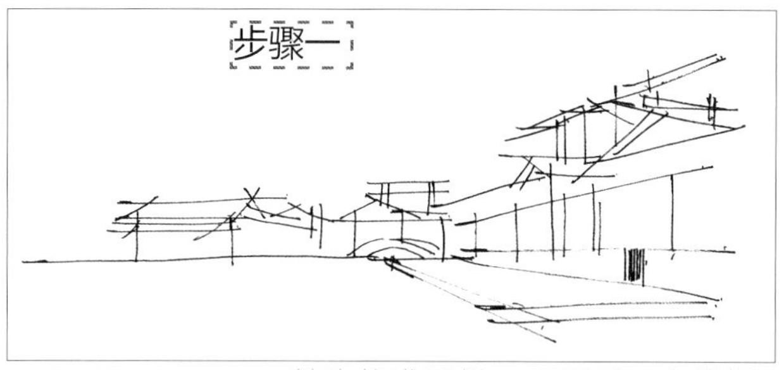

首先找准透视。画面是一点透视，按照透视画出建筑大框架以及水边的位置。

按照水的表现技法将水初步表现，注意水纹的方向与倒影位置，水面不必全部画上水纹，大部分留白即可。

细化建筑，明确建筑明暗关系，进一步将建筑细化，画出部分植物的位置及造型。

最后，将建筑门窗及别的细节部分刻画到位，水边部分区域加重颜色，植物补充完整，区分前景及背景植物，使画面更加丰富。

三、两点透视场景绘制

◁场景照片

整幅画面以建筑为主，建筑周围近处以草地为主，背景搭配一些棕榈植物及低矮灌木。

步骤一

同样，第一步先确定透视，将整个建筑进行简化概括，画出大的框架及透视结构。

步骤二

确定光源方向，画出投影位置及形状。

步骤三

按照来光方向，将建筑亮暗面区分，体现建筑的形体感，对细节部分进行刻画，加入简单植物。

步骤四

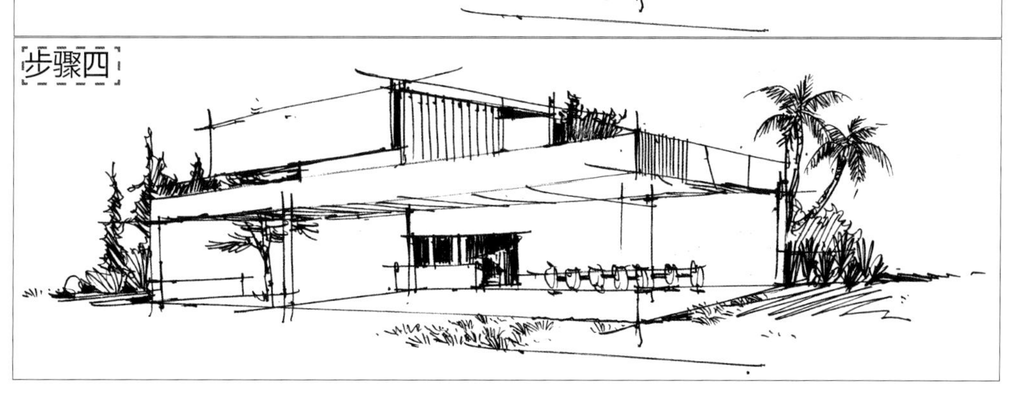

将配景植物刻画完整，注意草地只需要简单表现，大部分留白。

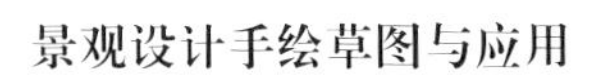

四、居住区水景表现步骤

步骤一

步骤二

步骤三

步骤四

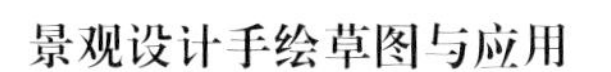

五、别墅雪景景观表现步骤

步骤一

步骤二

步骤三

步骤四

综合场景线稿赏析

在表现场景综合线稿时，要注重表现画面的透视关系，分清图中事物的主次，将节奏把握好。

公园景观

驳岸景观

图中不同的材质类型要进行重点区分刻画，硬质及软质场景用不同的笔触和线条来表现。

△ 游园景观

△ 庭院景观

在综合表现场景时，构图要均衡饱满，做好线条的取舍，以突出主体轮廓为主。

▲ 滨水景观效果图

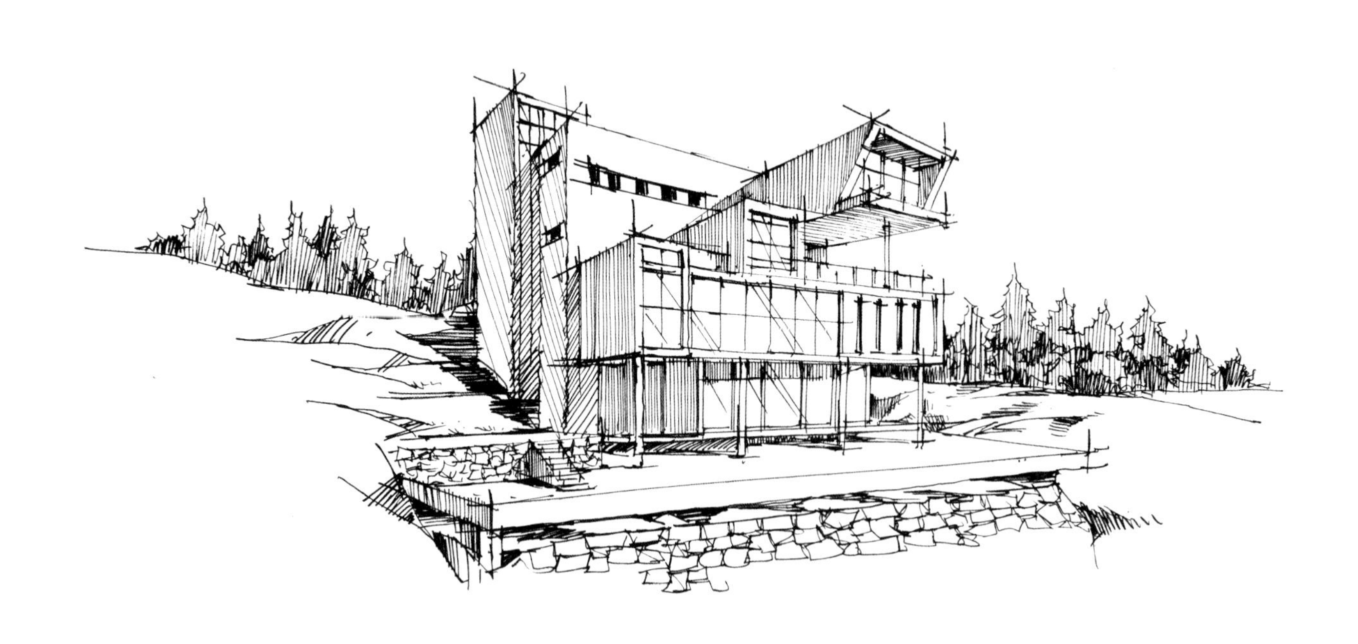

▲ 独栋别墅效果图

植物的表现要采用不同的笔法处理方式，以烘托整体氛围，形成完整自然的画面效果。

▲ 风景区写生作品

▲ 花园植物组团效果图

线的疏密处理不仅可以加强画面对比，形成明显的黑白灰关系，也是物体光影关系的主要表现手段。

▲ 临水别墅效果图

▲ 欧式别墅景观效果图

用线应注意整体考虑，把握住线条的肯定性和流畅性，并在细节上着重处理疏密关系。

▲ 新中式院落雪景效果图

▲ 开放式庭院效果图

第六章　赋彩

第一节　马克笔与彩铅的技法训练

设计手绘是设计师表达设计方案的最快方式，其中赋彩是比较关键的一点，因而能够快速地运用色彩进行表现是设计工作者需要掌握的表现技巧。赋彩表现即通过颜色和技法表现设计者的构思，快速地利用颜色表达画面设计中的内容。

就设计手绘而言，赋彩是为了增强画面的空间感，塑造不同性质的材质，以此来体现空间的进深和质感。

下面是赋彩表现的两个案例赏析。

▲ 别墅景观赋彩

两幅为景观场景赋彩效果图，画面通过马克笔和彩色铅笔这两种工具对材质、空间层次变化和光影关系进行绘制，突出中心，明确设计师的设计内容。

◀ 公园景观赋彩

马克笔的技法训练

马克笔作为设计手绘的主要赋彩工具，具有上色快速、表现能力强、画面对比强烈的特性，是能够使设计师在短时间内掌握的上色工具。同时马克笔表现的画面效果直观，能够快速地表达设计师的方案构思和设计效果。

马克笔赋彩时的用笔要稳且快速、流畅，笔触才能够自然而有变化。在使用马克笔时，切忌迟疑，用力不均，无节奏感。总的来说，对于马克笔的运用要一鼓作气，才能快速准确地塑造画面内容。不过，对于马克笔的使用还需要通过训练才可以熟练掌握并且达到理想的画面效果。

一、摆笔

摆笔是马克笔最常用的一种笔触，运笔时要快速、平直、肯定地将画面铺满。此笔触更多地适用于大面积的平铺。

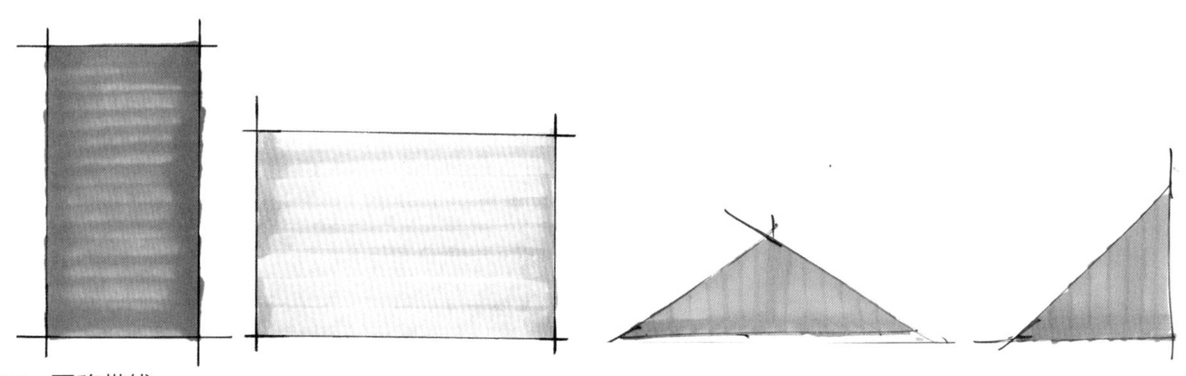

二、平移带线

平移带线指线条由宽到窄、由粗变细，往往适用于过渡区，通过笔触线条的变化达到色彩过渡的效果。

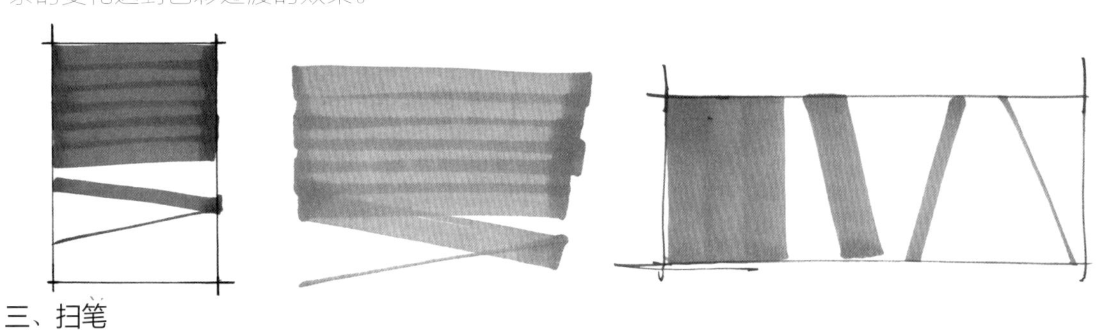

三、扫笔

扫笔能够一笔画出由深到浅的颜色变化，一般用于画面边缘的过渡。其中草地边缘的过渡最常见。通过一系列的草地练习可以熟练掌握扫笔技法。扫笔分为一边扫和两边扫两种技法。

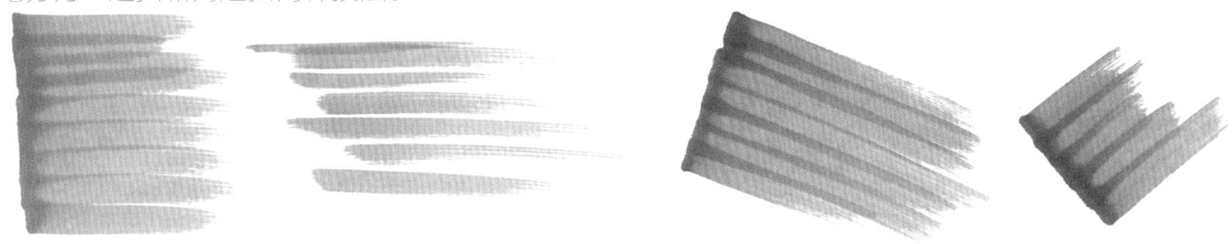

四、摆笔过渡

摆笔过渡在运笔时讲究快、连贯，更多地适用于色彩相近的区域，常用于乔灌木和物体倒影的表现。

五、斜推

斜推往往可以表现画面的透视效果，使画面更加整齐且有进深感。

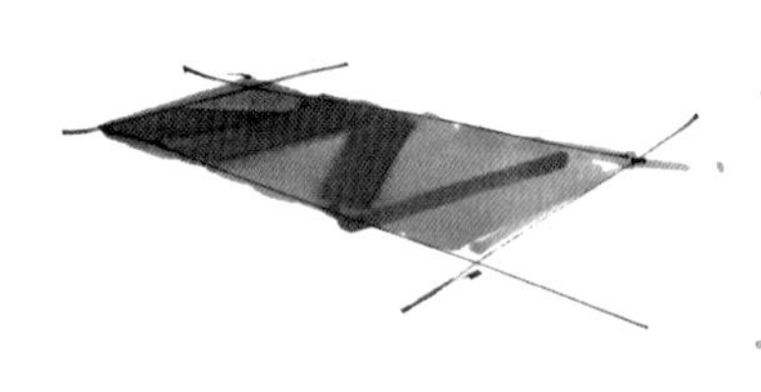
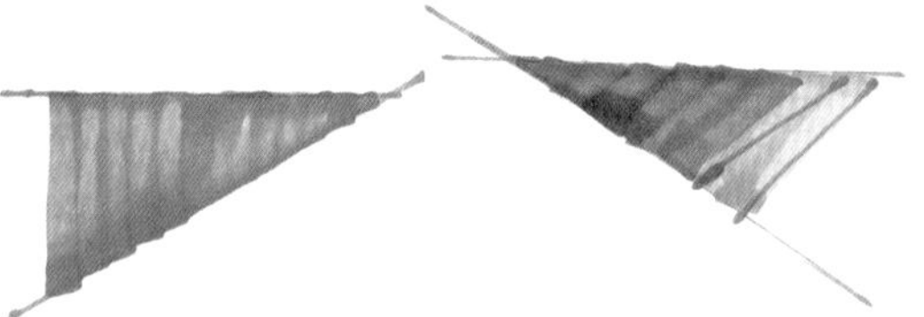

六、揉笔

揉笔的运笔比较柔和、自然，常适用于天空、植物树冠、草地和暗部过渡的笔触表现。

七、同色系叠加

马克笔的颜色一般分为几个固定的色系，有冷灰、暖灰、蓝灰、暖绿等。同色系可以互相叠加，由深入浅，画出层次渐变丰富的画面。同色系结合丰富的笔触变化，可丰富画面的层次感。

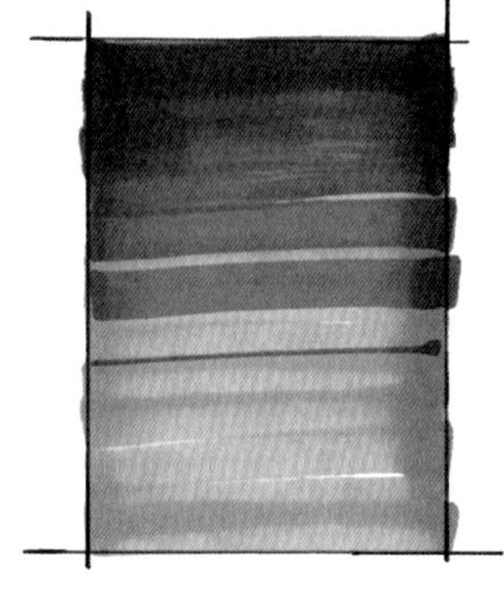

八、不同色系叠加

物体通常有固有色，由于受周围环境的影响，物体会吸收其他颜色，即形成环境色，使色彩变得丰富。通常环境色的叠加可以让画面更加协调统一。

几何体块赋彩表现

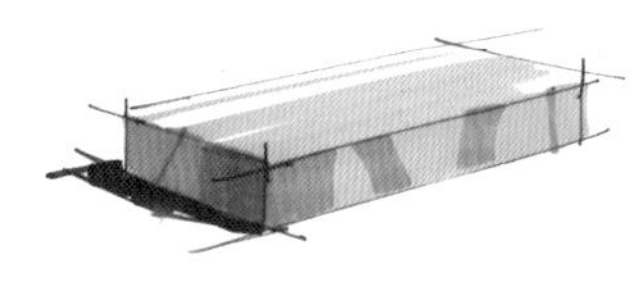

59、55、43、120

为几何体赋彩时，要考虑其明暗面，掌握光影关系，亮面使用平移带线的笔触，考虑渐变关系和留白；暗部使用平移的方式平铺，并使用同色系叠加将暗部加深，同时也要考虑深浅变化，增加画面的层次感；投影加重，注意与背光面的明暗对比。通过几何体体块的训练能够准确掌握明暗关系对比，在表现物体时使立体感更强（注：图下方的数字或字母标号表示TouCH系列马克笔的色号）。

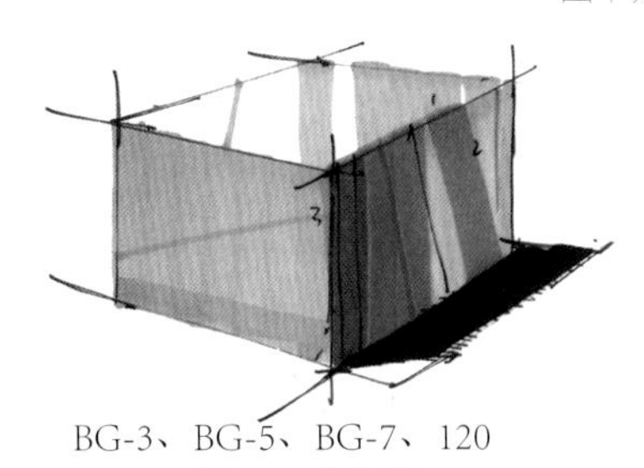

BG-3、BG-5、BG-7、120

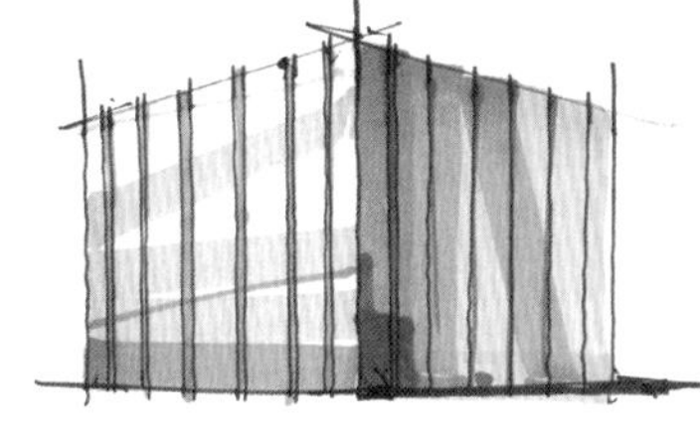

134、101、142、103、97、93

WG-1、WG-3

彩铅的技法训练

彩铅是相对简单的赋彩工具，具有简单的使用方式和极具色彩的表现性能，可解决颜色单调的局限性，增加画面颜色的层次感。

马克笔常与彩铅结合使用。就这两种工具而言，彩铅更容易控制，并且可以弥补马克笔在过渡时的不足。两者相结合使整个画面的层次感更加丰富，空间感更强。在使用彩色铅笔上色时，要注意笔触的方向和排列。

彩铅的笔触排列方式

在运笔时，要注意笔的轻重、笔的转折、图形、颜色的过渡和叠加，随着不同属性的变化，会有不同的效果。

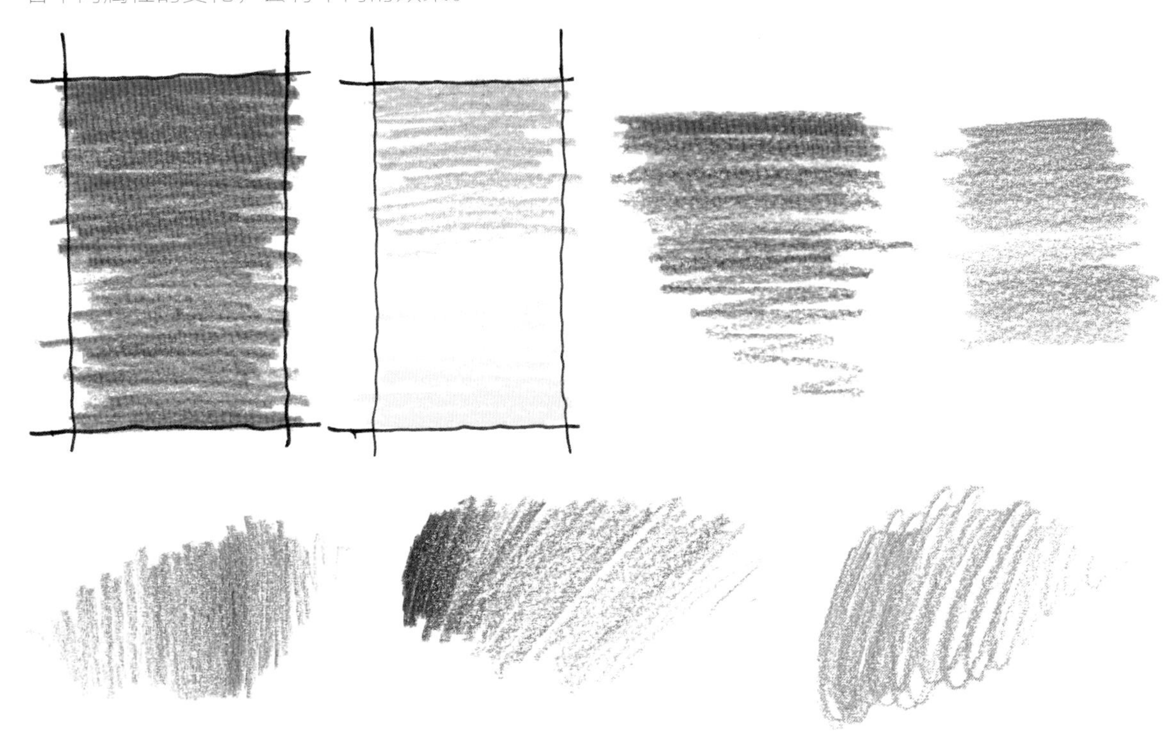

第二节　单体赋彩技法训练

材质的表现

设计手绘在表现画面的真实和质感上，往往通过材质来体现。景观中常常需要设计师去表现的有景墙、座凳、树池、景观小品以及铺装样式等。常用到的有以下几种表现对象：砖瓦类、石材类、木材类、玻璃类、金属类等。

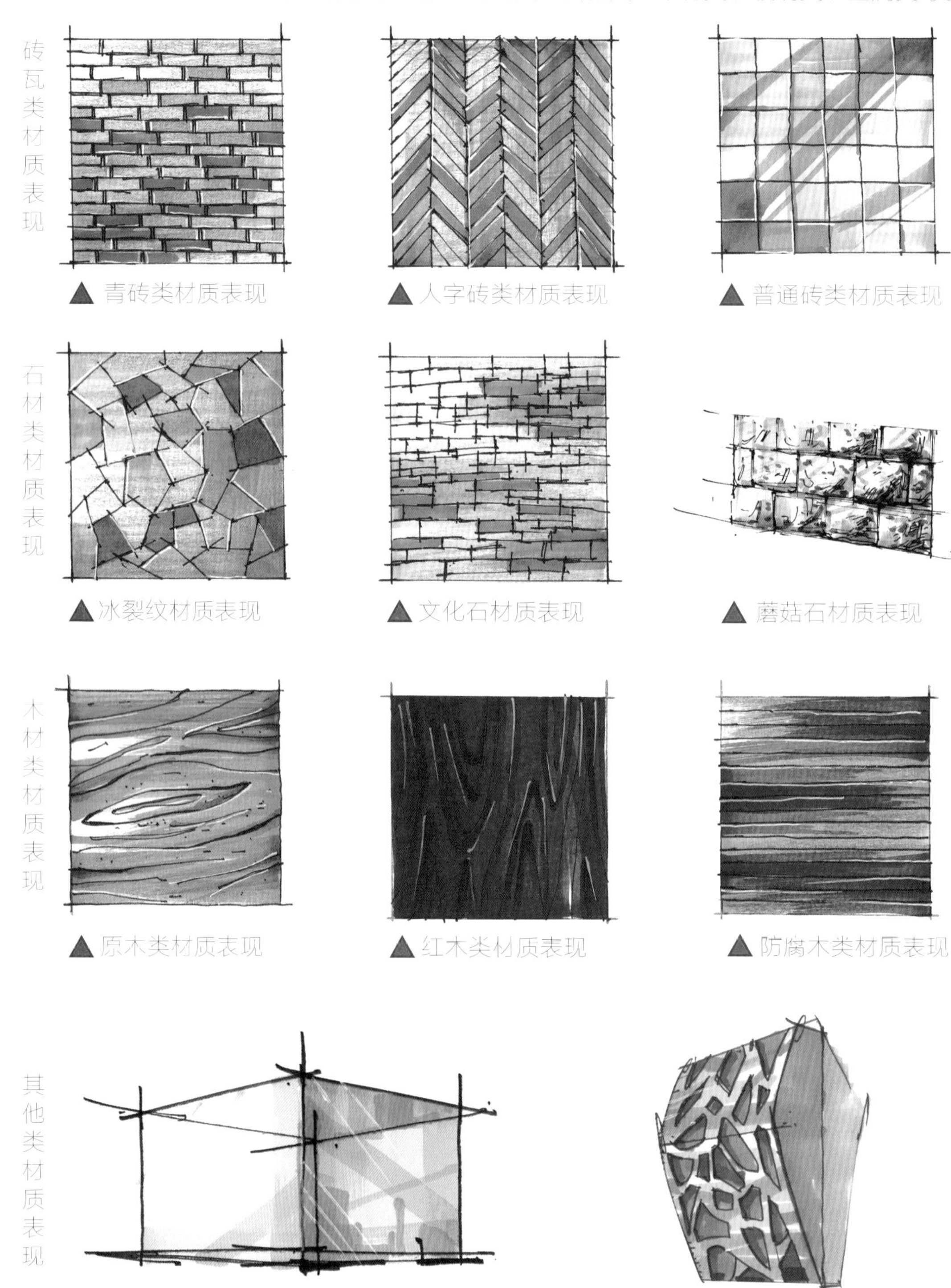

▲青砖类材质表现　▲人字砖类材质表现　▲普通砖类材质表现

▲冰裂纹材质表现　▲文化石材质表现　▲蘑菇石材质表现

▲原木类材质表现　▲红木类材质表现　▲防腐木类材质表现

▲玻璃类材质表现　▲金属类材质表现

自然配景的表现

在景观配景元素中，自然配景是十分重要的。自然中的天空、石头、植物等配景与构筑物、小品等设施相呼应、相互作用，可以形成丰富的设计。在天空的表现中，要注意云的形状变化、层次变化。

天空技法表现

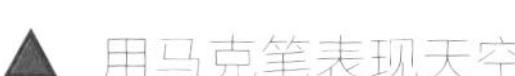

▲ 用马克笔表现天空

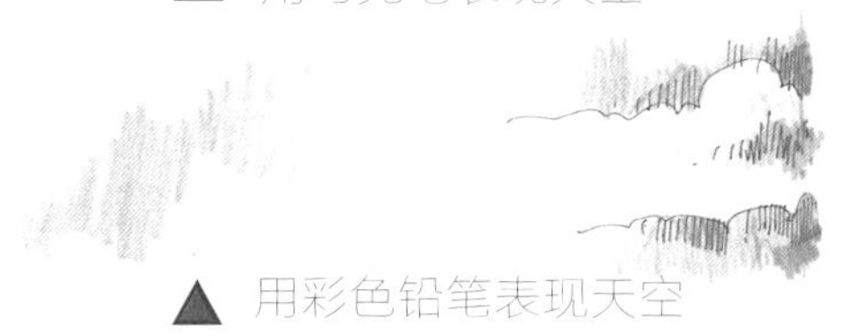

▲ 用彩色铅笔表现天空

▲ 彩色铅笔与马克笔相结合表现天空

置石技法表现

▲ 单个石头表现

▲ 组合石头表现

▲ 太湖石表现

▲ 千层石表现

植物技法表现

植物在景观手绘中起着重要作用，它作为设计中的重要构成要素之一，能使环境充满生机和美感。植物在大小、形态、色彩、质地等特征上，都各有不同。它们丰富多彩的效果为景观增添了活力与色彩，景观中的植物通常分为草花、大小灌木、大小乔木等。

一、草地

草地在表现时不需要全部画满，边缘部分画出厚度质感，注意大部分留白，保持画面的透气性。通常采用揉的方法表达草地质感。

▲ 草地表现

二、乔木植物

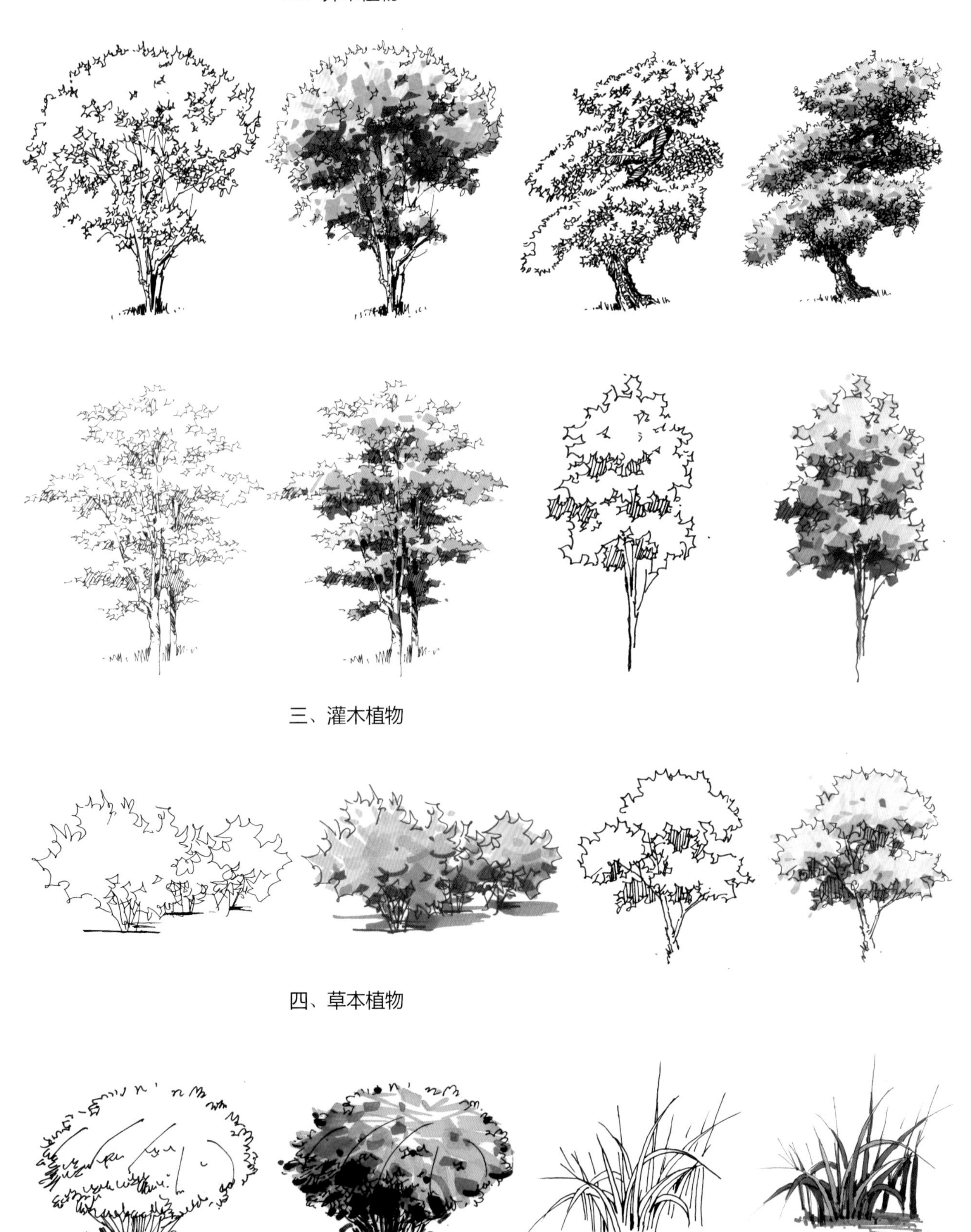

三、灌木植物

四、草本植物

景观小品赋彩表现

▲ 庭院水景表现

场景采用竹子材质，周围有置石和植物相呼应。石头的颜色由于周围的影响带有更多的环境色。

画面为水岸景观，中心景观为水景，利用木平台、石头、汀步和植物丰富了画面效果。水面和草地运用揉的笔触表现效果。轻快的笔触使木平台和汀步的质感更加真实。

▲ 水岸水景表现

▲ 景墙表现

画面中两种景墙选用不同的材质，运用多变的笔触体现质感。一冷一暖的颜色搭配，突出画面的前后关系，整幅图以灰色调为主，使画面沉稳。

▲ 标志牌表现

采用平移带线的排列方式表现金属标志牌的质感，后面的植物运用灵活的笔触表达，烘托出标志牌。

第三节　场景赋彩综合运用

前面几节将赋彩的技巧和单体赋彩的练习进行了分析，本节主要对整个场景进行赋彩分析。在对整场进行赋彩的过程中，要考虑画面的整体效果，空间关系的处理，主次要分明，色调要统一性，可以通过笔触来表现质感，突出画面主题。

▲ 图为居住区景观

分析：在处理道路时用冷灰色平铺部分留白，否则画面会显得沉闷。

画面的中心水池刻画较为丰富，亭子和桥的刻画简单且采用冷灰色调与周围的环境相融合，建筑也是用偏冷灰的色彩和留白处理，将它与天空相接，拉开了画面的空间感。

前面的花草作为近景刻画，颜色丰富饱满，中景用黄色来处理树的亮部和留白，暗部用深色处理，体现树的体积感和层次变化。最远处的植物用冷色系的绿色拉开画面的进深，用红色和黄色两种比较亮的颜色点缀画面，活跃氛围。

中心水池刻画较丰富，多用摆笔笔触表现水的特质，水面的颜色融合了周围的环境，使画面显得更加饱满。

整幅图更多地用明度较高的色调，使画面的效果更明快。

赋彩效果图表现步骤

步骤一

首先，勾画出景观中建筑和植物的轮廓大小，定好位置，确定视平线的位置；随后刻画建筑和植物的细节部分，确立光影关系。

步骤二

用马克笔画出建筑、构筑物和植物的底色，区分画面中的明暗关系和体量感。

步骤三

最后调整画面的明暗关系，统一色彩，增强空间感，加强对比。

用墨线将画面简单概括，突出画面的中心。

由浅及深地着手绘制整幅画面，先从大面积画起，笔触柔和轻快，然后画过渡色，颜色越重笔触越小。

着重表现画面的空间、光影和体积，加强植物的层次感和水面的质感。天空运用揉的笔法来体现云的效果，增加画面效果。

用墨线画出外轮廓，明确明暗关系，表现不同性质的构筑物和植物。

步骤一

画面用浅颜色表现水的质感和大面积的概括植物。对于椰子树的刻画，要运用肯定的笔触表现叶子的质感。

步骤二

深入地刻画中心主体景墙，用颜色和笔触表现其材质，并且将前面水景简单刻画，注意留白，植物采用平铺的手法烘托中心。

步骤三

在赋彩时，画面的整体关系尤为重要，应通过光影塑造、色调把控、空间处理等手法最终达到对物体材质、空间虚实和场景氛围的完整体现，同时，画面笔触尽量保持轻快，一气呵成。

步骤三

步骤四

赋彩效果图赏析

赋彩过程就是加强材质与空间感的过程，通过不同类型的色彩笔触来突出物体本身材质的特性。

▲ 游园赋彩效果图

▲ 别墅赋彩效果图

通过笔触产生的光影效果可以更好地体现画面的空间体积与透视关系，这也是画面必不可缺的一项内容。

▲ 居住区景观赋彩效果图

▲ 庭院景观赋彩效果图

画面的对比更多是在赋彩过程中营造的，局部使用重颜色能更好地加强画面重点和空间感，起到画龙点睛的作用。

▲ 独幢建筑景观赋彩效果图

▲ 游园景观赋彩效果图

赋彩时，画面尽量运用统一色调，局部采用鲜亮颜色来进行补充，面积不宜过多，以此增加画面的趣味性。

▲ 别墅景观赋彩图

▲ 展馆景观赋彩图

第七章　平面、剖立面 、鸟瞰图

第一节　平面图的绘制技巧与要点

平面图的构成要素

平面图包含景观中的空间布局、场地的功能分区、景观节点设计、道路与交通等要素，这些需要在平面图上反映出来。设计师对平面图的绘制要理清设计思路，明确主题，科学划分功能区，把握硬质与绿化的关系，绘制合理的图例展现丰富的设计内容，呈现出好的空间关系。

景观平面图中包括植物、水体、道路、建筑、公共设施等元素，绘制时要将这些构成要素清晰明确地表现出来。

平面图应具有以下四个特点：

① 构成要素清晰明确。

② 立体层次的展现，光影与暗部的表达。

③ 色彩统一。

④ 图文并茂。

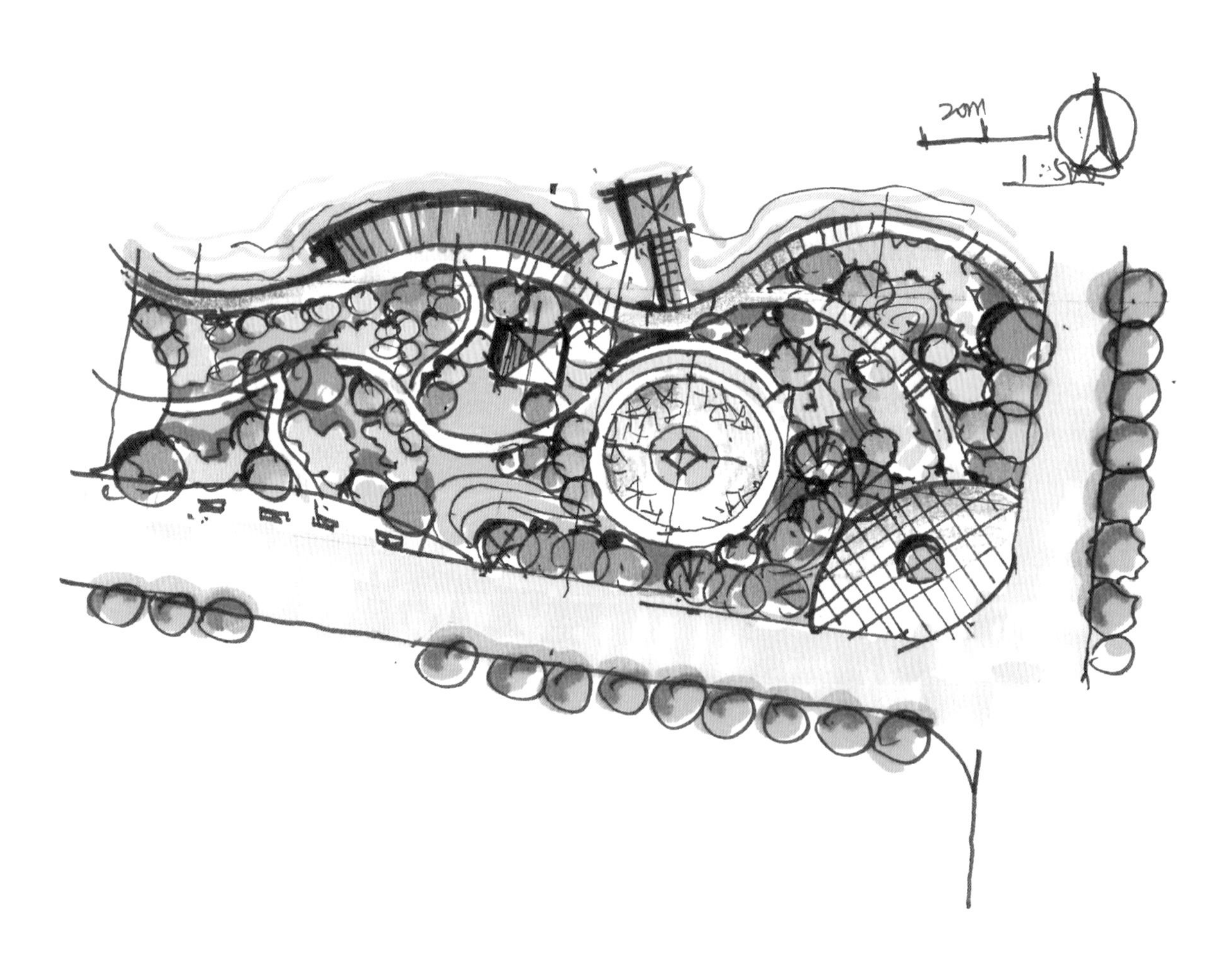

▲ 公园平面图

植物平面图

一、乔、灌木平面图

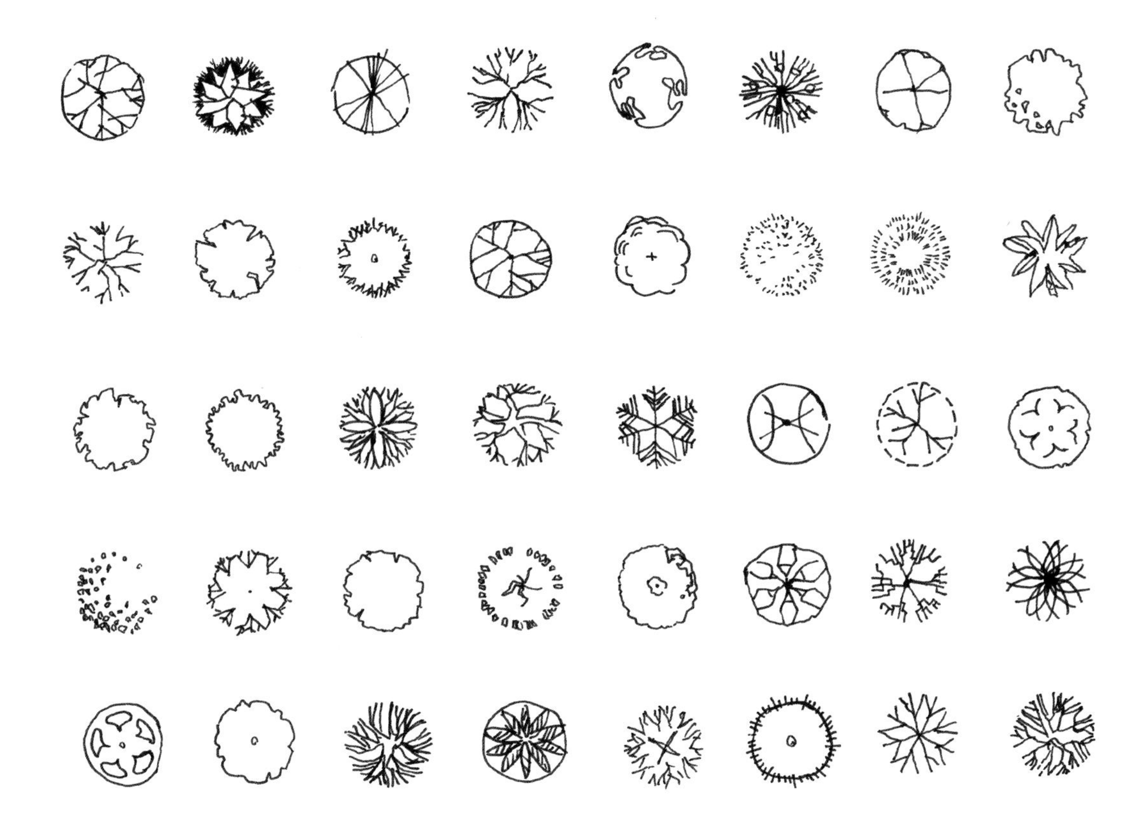

二、草坪、花镜平面图

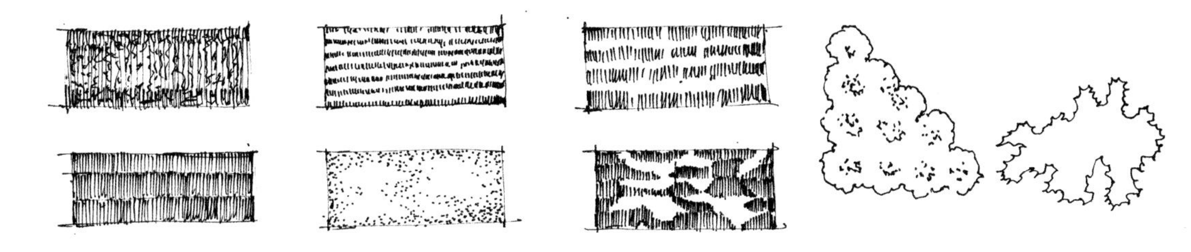

三、组团植物平面图

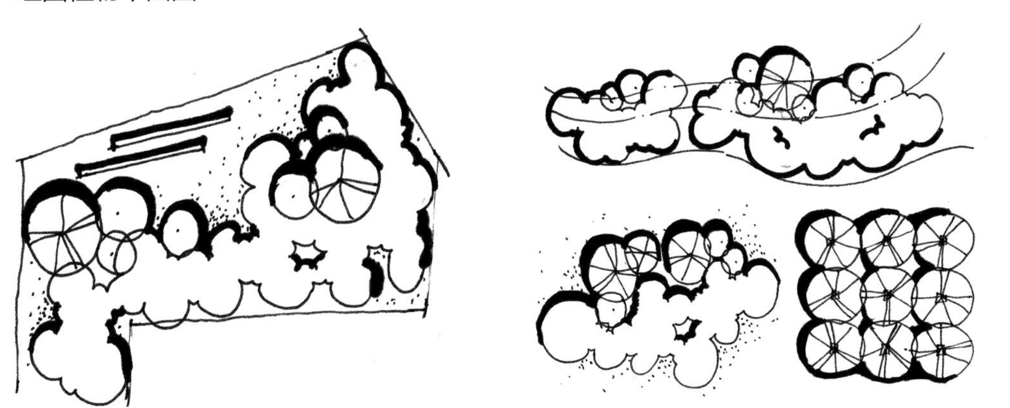

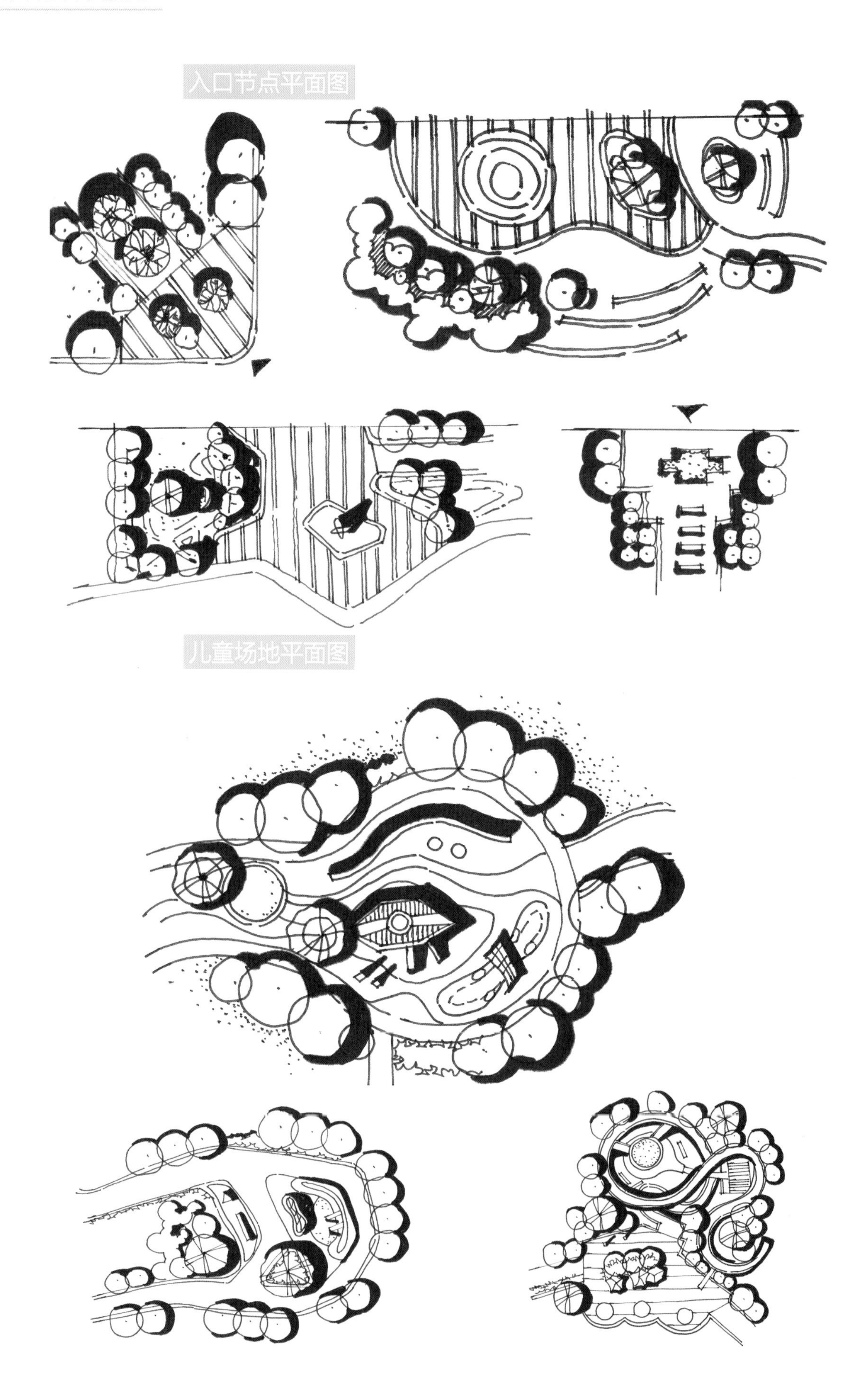
入口节点平面图
儿童场地平面图

广场节点平面图

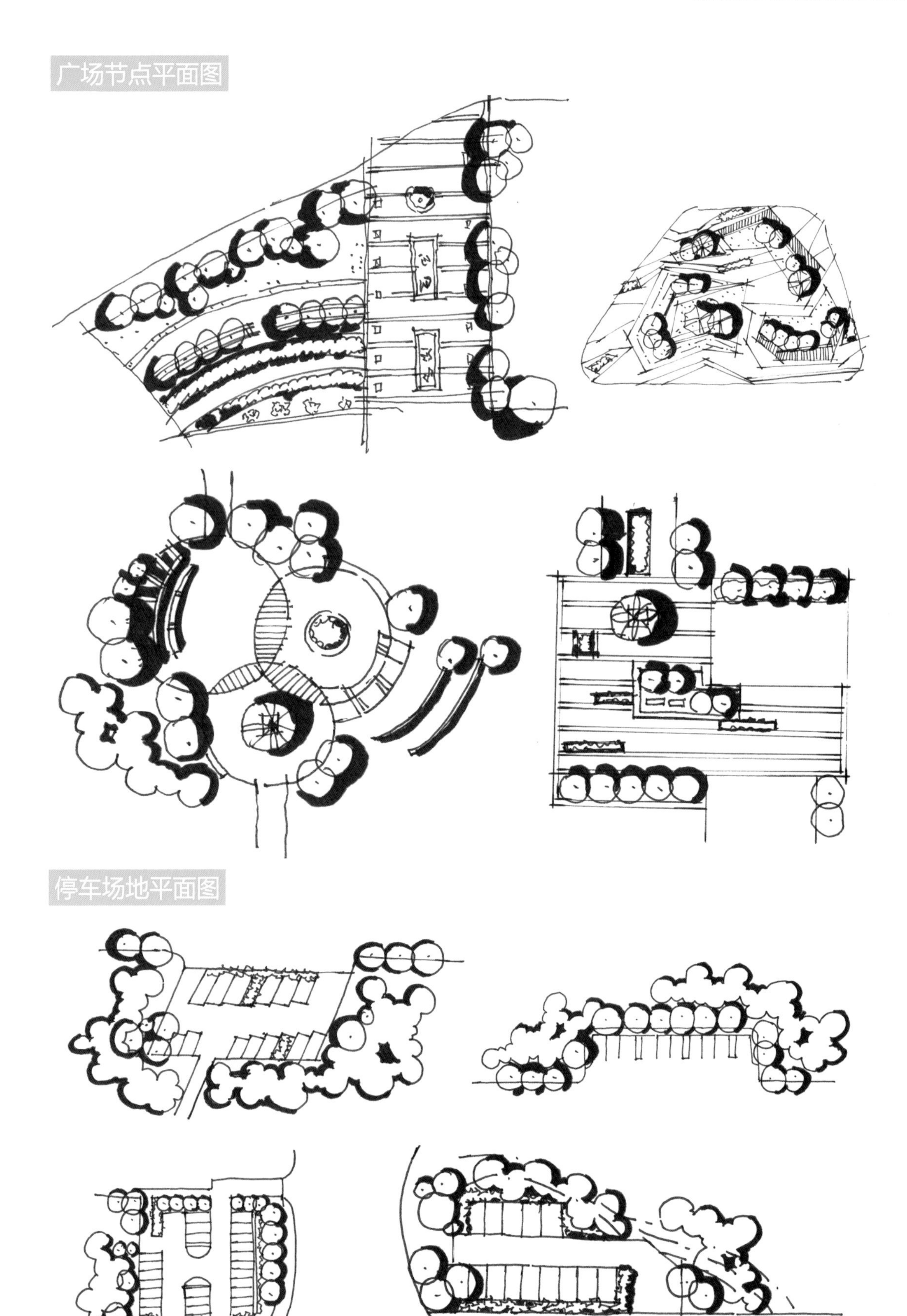

停车场地平面图

平面图赏析

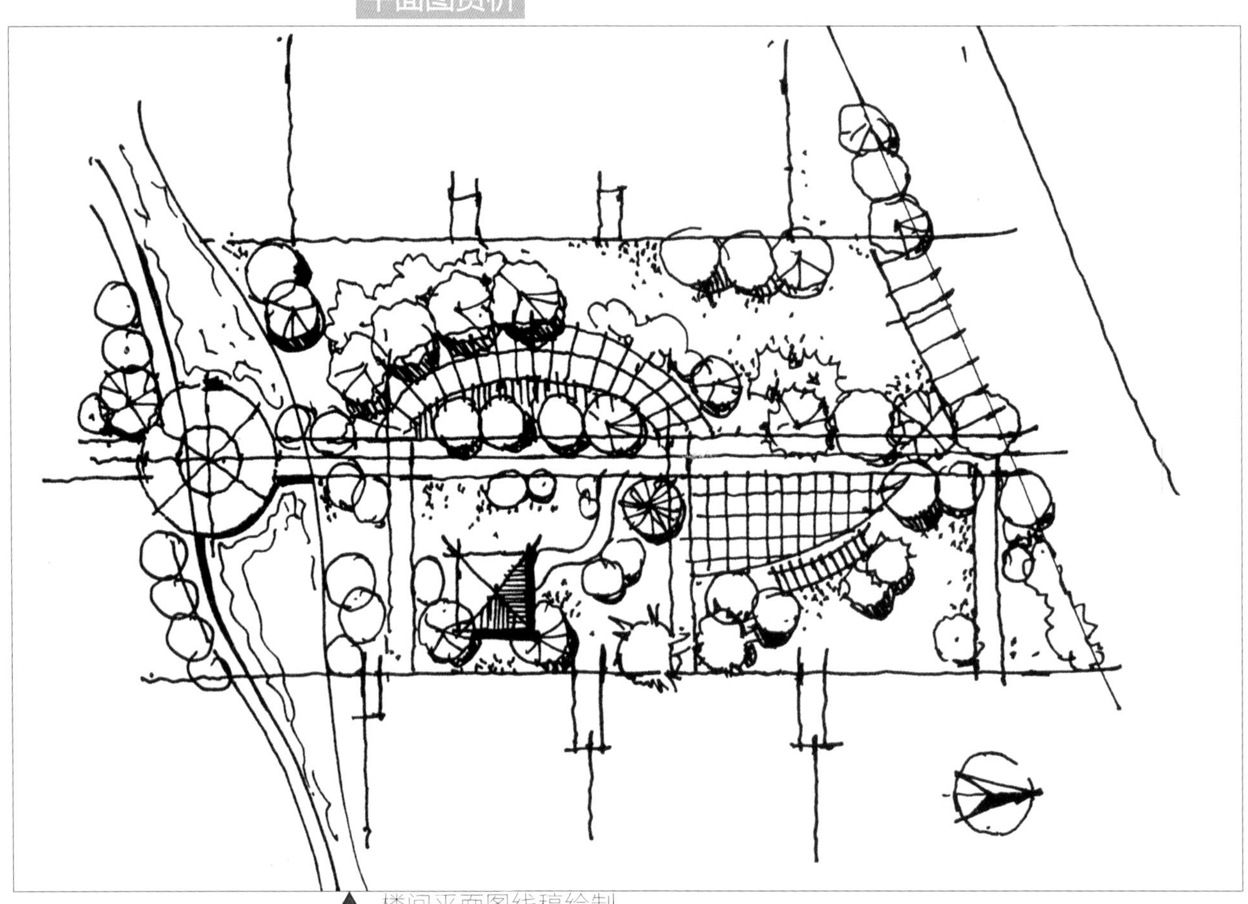

▲ 楼间平面图线稿绘制

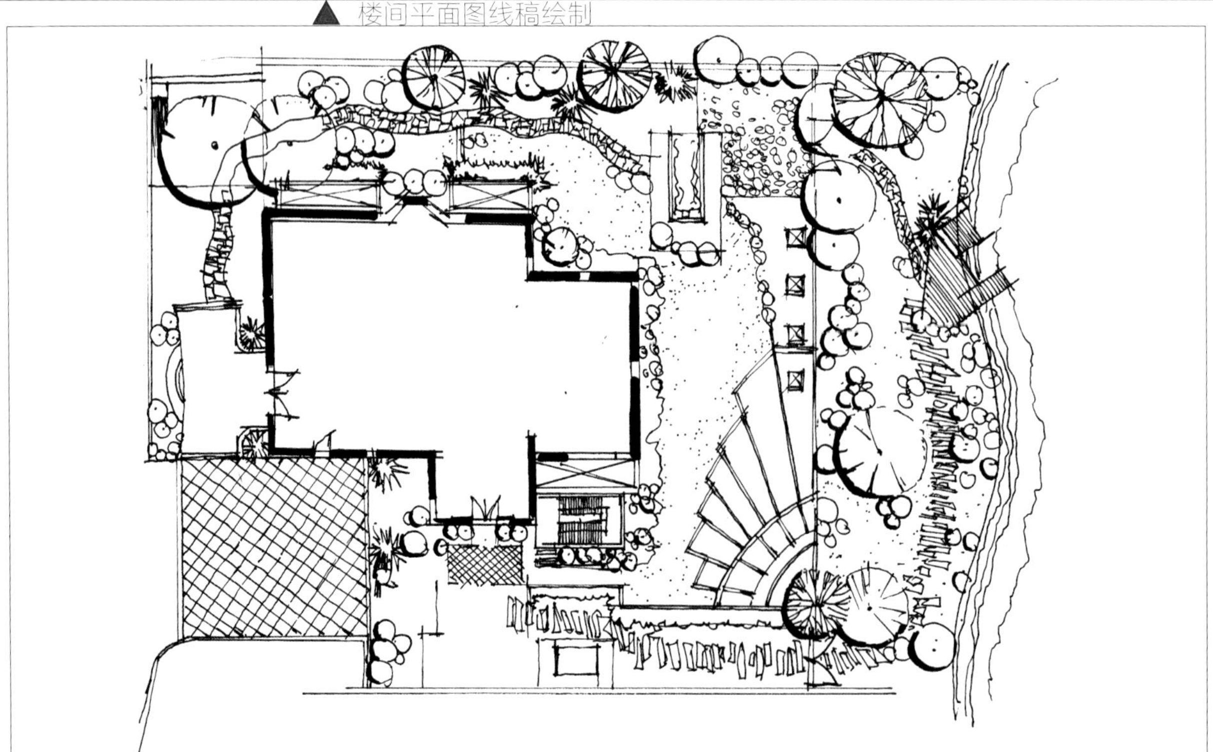

▲ 庭院平面图线稿绘制

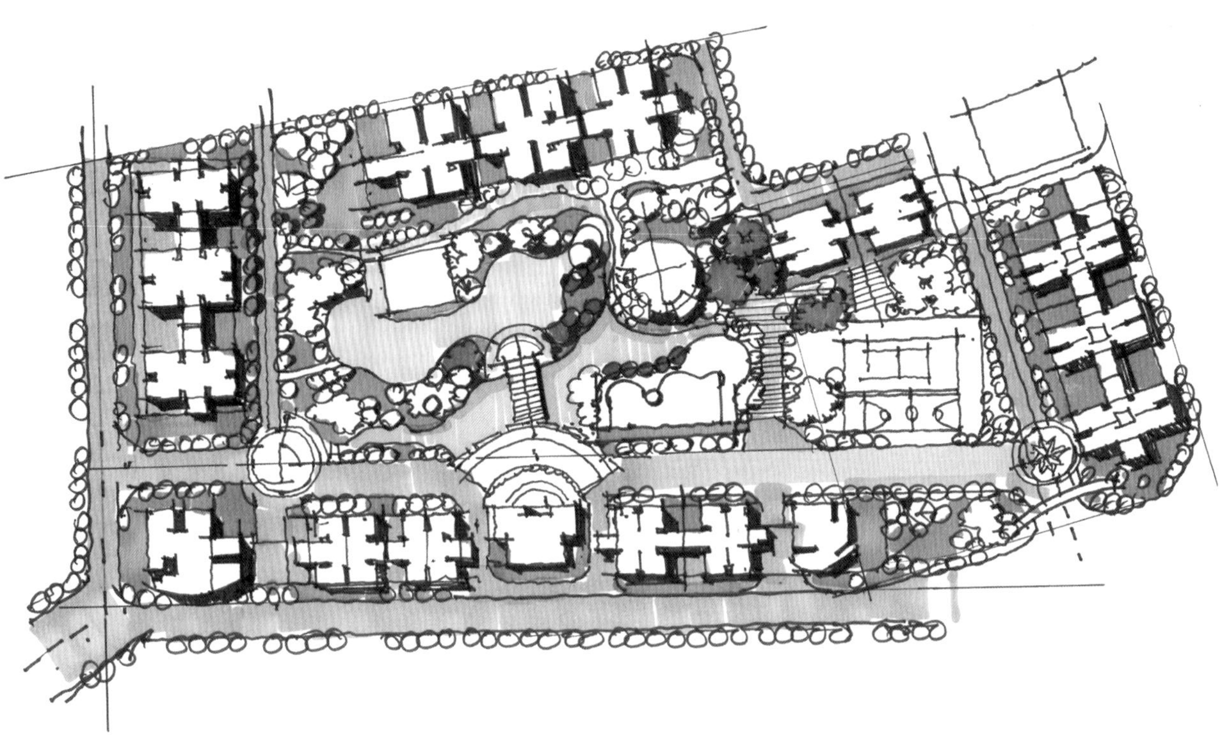

▲ 小区平面图

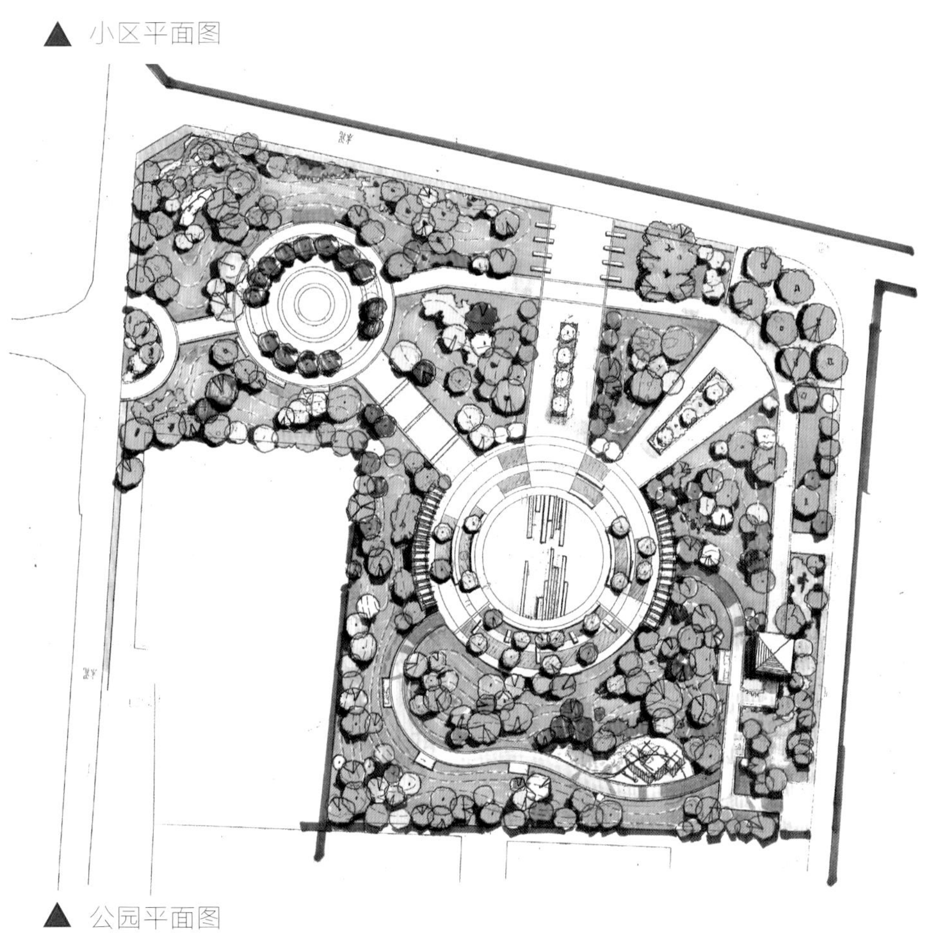

▲ 公园平面图

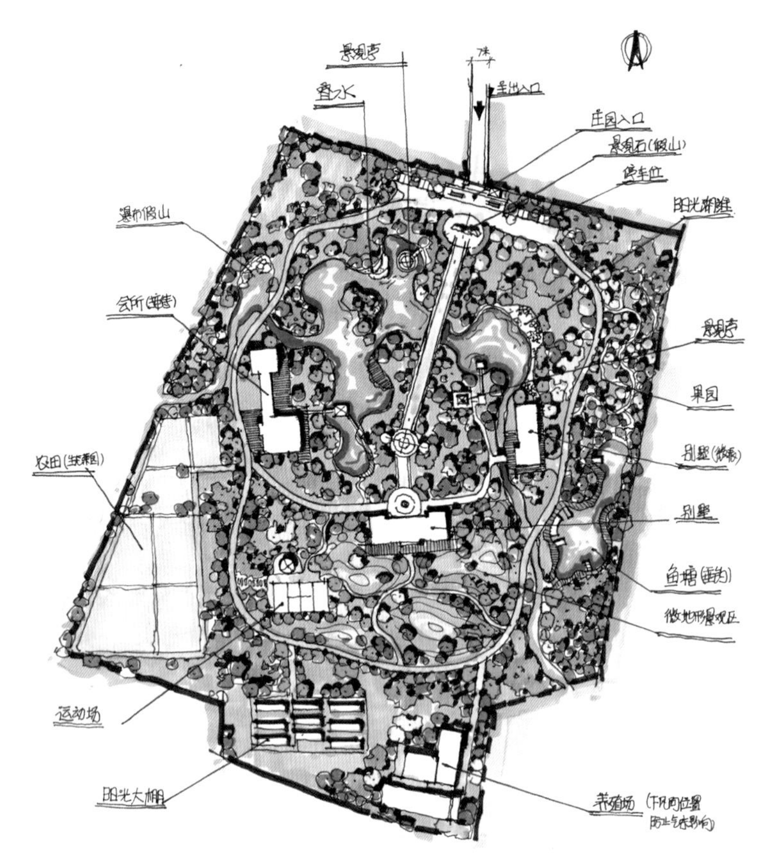

生态园平面图

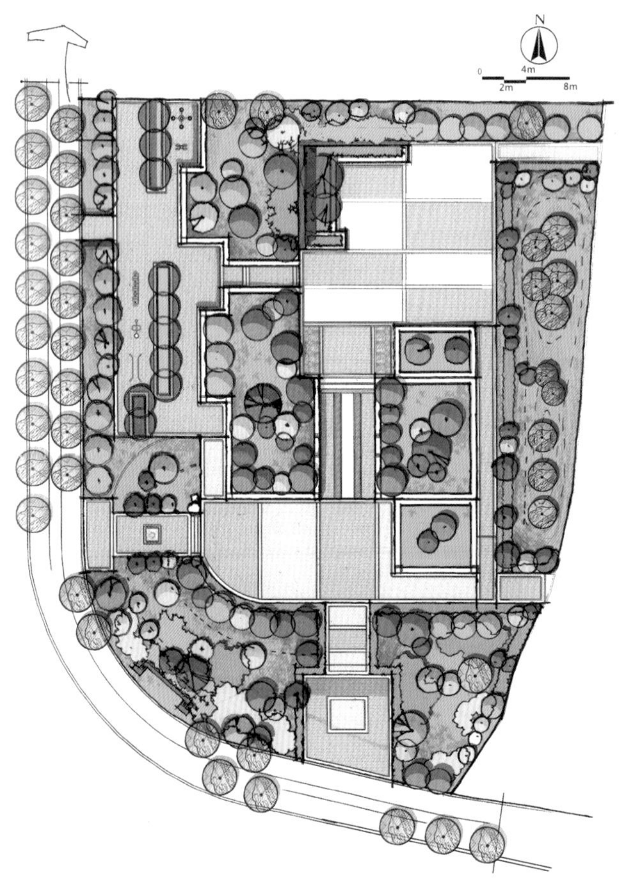

城市街头口袋公园平面图

第二节　剖立面图的绘制技巧及要点

平面图布局规划完成后，着手对剖立面图进行绘制。平面图是对整个场景空间功能和布局的设计思考，而剖立面则更多地注重对环境空间的分析，反映空间的立体轮廓、各个元素之间的比例、构筑物的高度尺寸、地形起伏变化、植物的高低错落和设施造型。

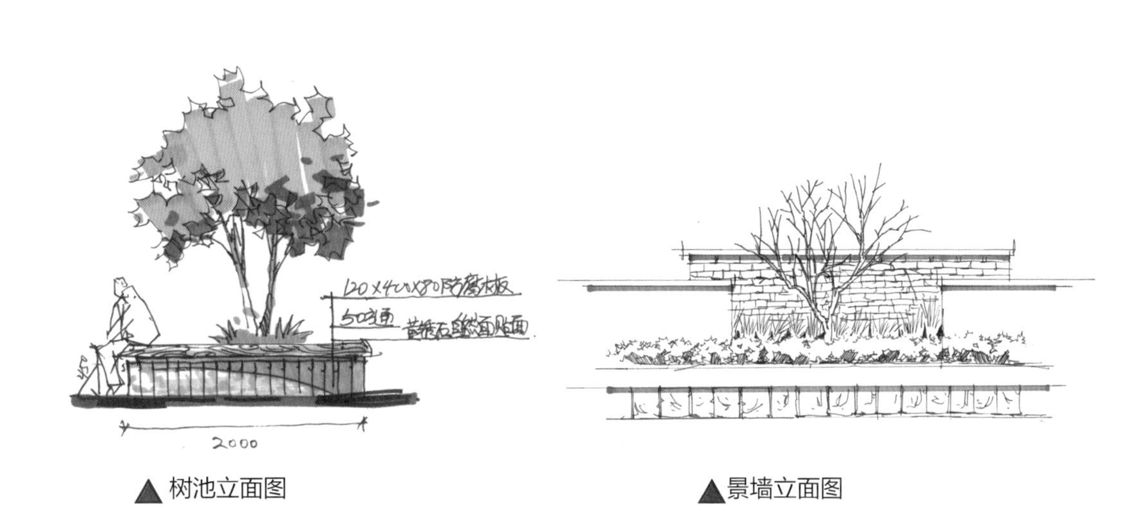

▲树池立面图　　▲景墙立面图

▲剖面图

▲立面图

剖立面图的绘制

在绘制时应注意以下几点：① 地形在立面和剖面图中用地形剖断线和轮廓线表示；② 水面用水位线表示；③ 明确植物的外轮廓；④ 构筑物的外轮廓以线表示。此外，在平面中用剖切符号标出剖立面的位置和方向。剖立面图补充了平面图的细节，能更科学、全面地交代竖向设计的内容。

一、景观立面图绘制

立面图是表现设计环境空间竖向垂直面的正投形图，它主要反映设施的轮廓、高低和植物的立面外形表达。

立面图的构成反映了平面图中的竖向设计，展现设计中的空间变化。

二、景观剖面图绘制

剖面图主要表达景观内部空间布置、结构内容、构造形式、断面轮廓、位置关系以及造型尺度，为下一步施工做准备。

剖面图将构造物、水景等小品的内部空间、结构内容、造型尺度表达出来，是为了进一步了解设计结构。

将重要景观的层次进行详细的表达，辅以马克笔和彩铅着色，层次清晰、空间感强。

剖立面图赏析

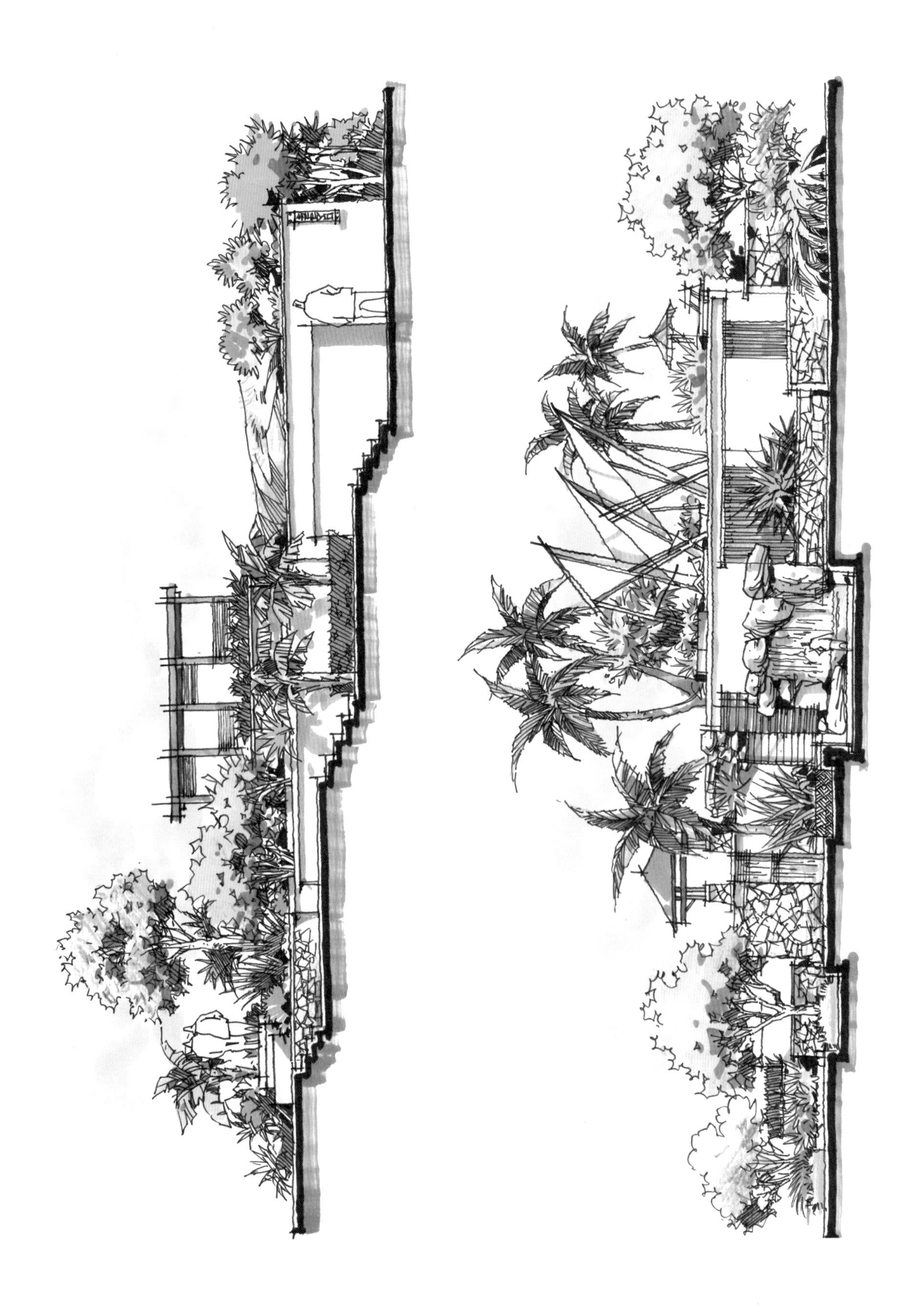

剖面图将设计中的景观内部空间布置、结构内容、构造形式、断面轮廓等要素清晰表达，然后辅以马克笔的颜色将构筑物的质感显现。

第三节　鸟瞰图的绘制技巧及要点

鸟瞰图的画法

透视鸟瞰图一般为俯视。在景观设计中往往表现该角度，画法简单，容易理解。

注意：

1. 确定基本的透视角度（透视线）。
2. 绘制参照物（如建筑和某棵乔灌木等）。
3. 根据参照物绘制出配景。

▲ 游园鸟瞰赋彩图

游园鸟瞰草图 ▶

鸟瞰图的绘制步骤

步骤一

首先通过透视确定亭子、道路以及较大构筑物地格，注意鸟瞰视角夹角大概为125°。

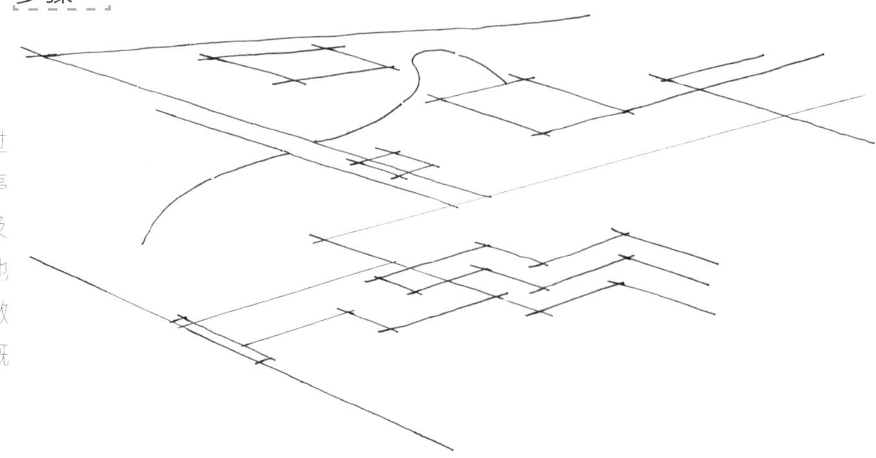

步骤二

画面为两点透视，根据透视画出构筑物和周围植物环境的位置、大小。

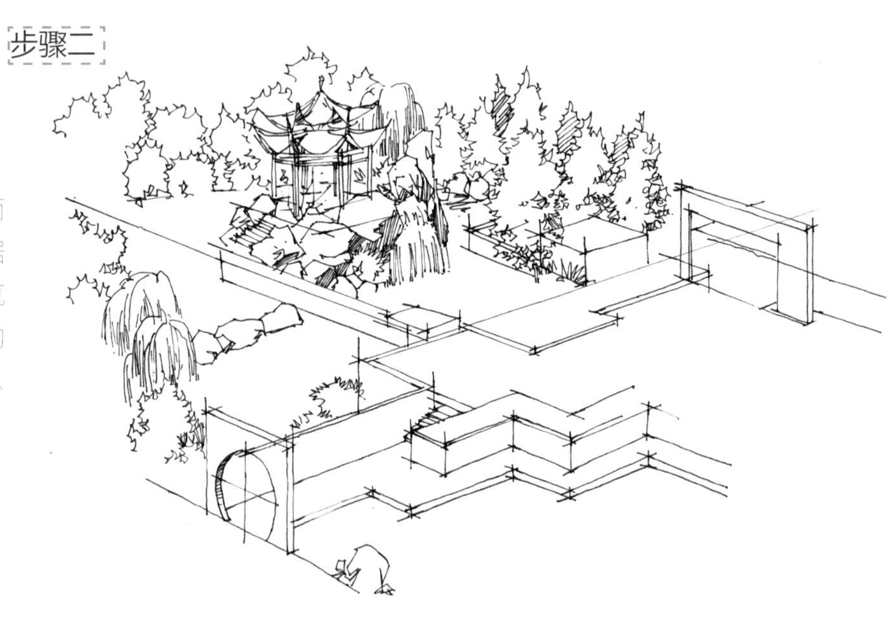

步骤三

调整线稿画面，加强光影、空间关系，丰富配景与主体的关系。

步骤四

在线稿的基础上，先从固有色着手，画出大面积颜色。

步骤五

进一步加强明暗关系，统一色调，深化植物配景，使空间感更强烈 。

步骤六

最后一步将画面细节细化，亮部提亮，暗部加深，使画面的对比更强烈，空间进深感更强。

步骤一

沿着一点透视角度确定主要物体以及道路的位置，并画出地格。

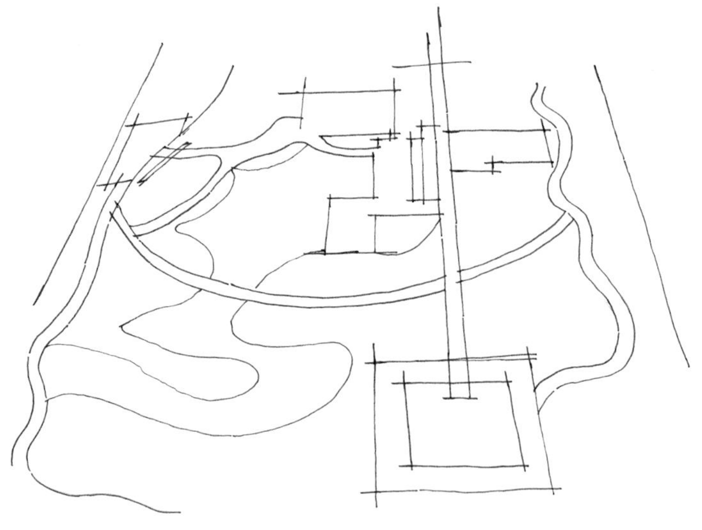

步骤二

画面为一点透视，找准消失点由前往后画，确定植物、亭子和景墙的位置。

步骤三

线稿最后一步，加强明暗关系，细化中心部分，将周围环境弱化，起到烘托效果。

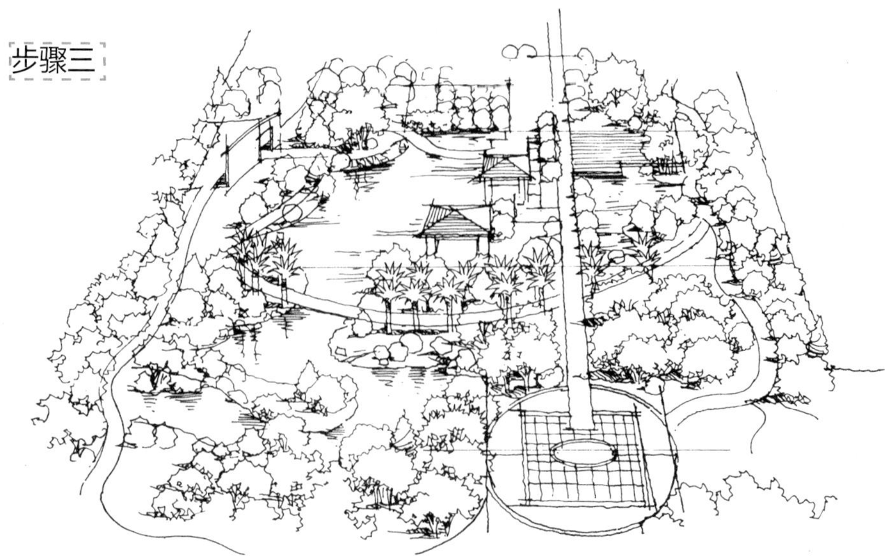

步骤四

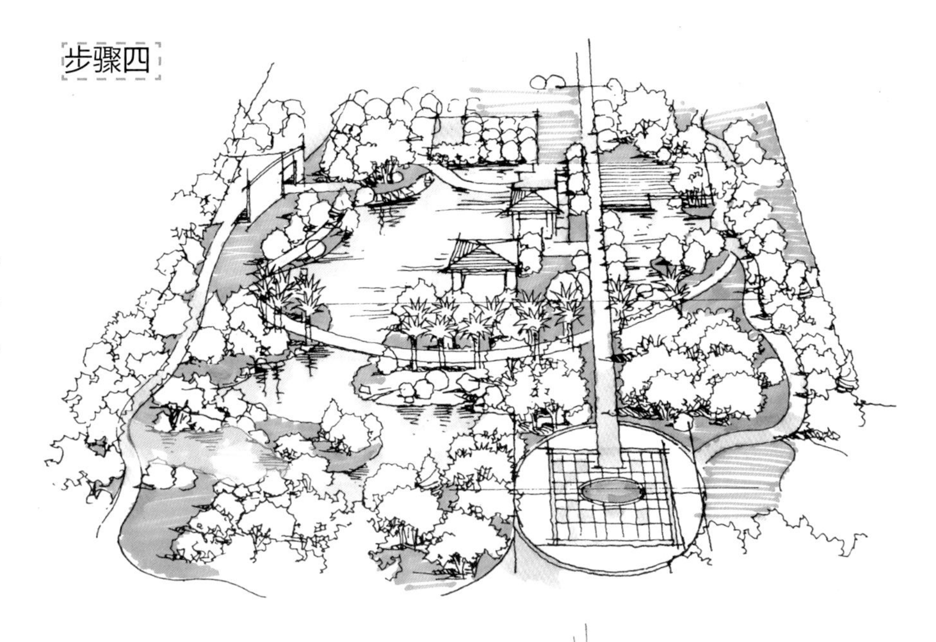

从大面积草坪和水画起，在绘制时马克笔运笔要快，笔触要有节奏感，注意留白，表现更自然。

步骤五

绘制植物和构筑物的暗部，亮部留白。近处刻画深入，远处配景弱化，远近形成对比，加强物体的空间感。

步骤六

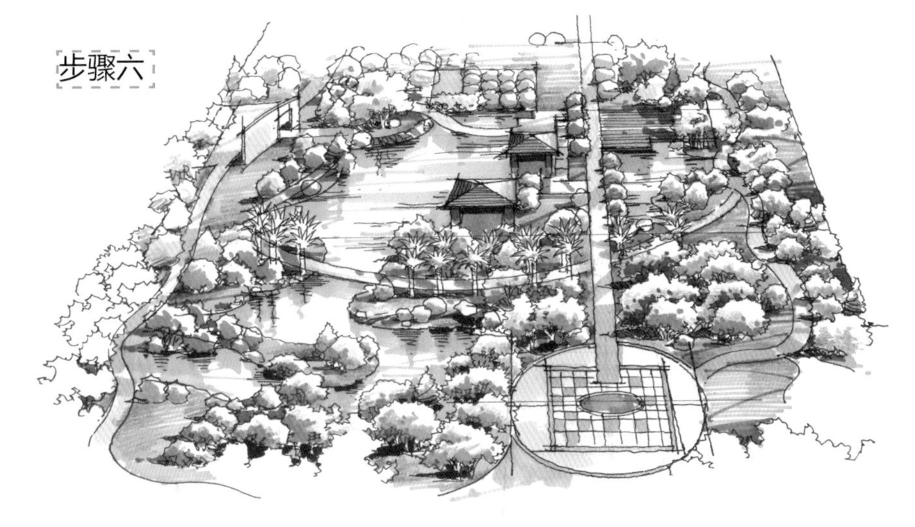

加强暗部和阴影，深化画面中心，调整前后关系，协调画面色彩，丰富画面效果。

鸟瞰效果图表现赏析

▲ 城市鸟瞰图

▲ 别墅区鸟瞰图

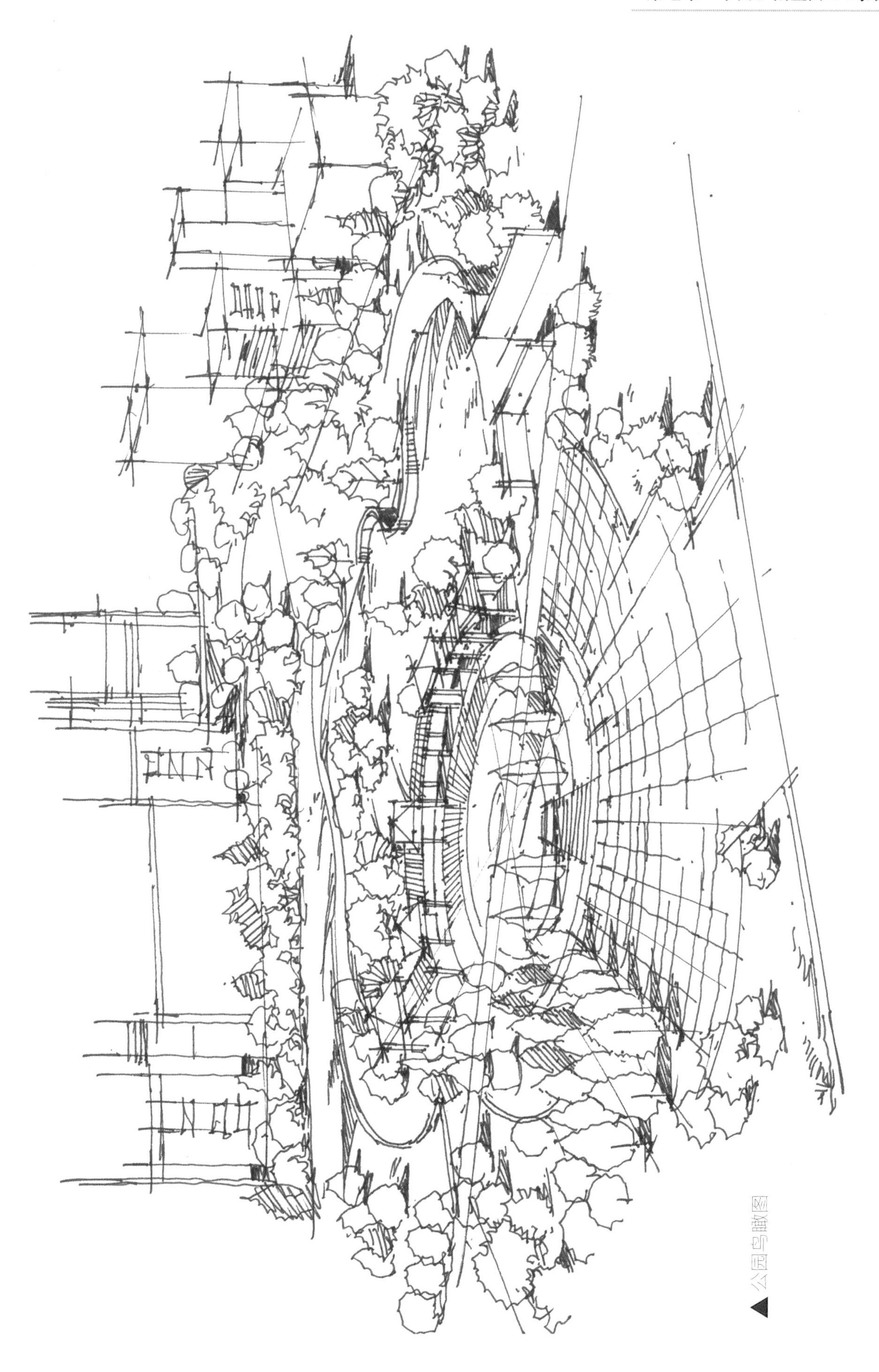

公园鸟瞰图

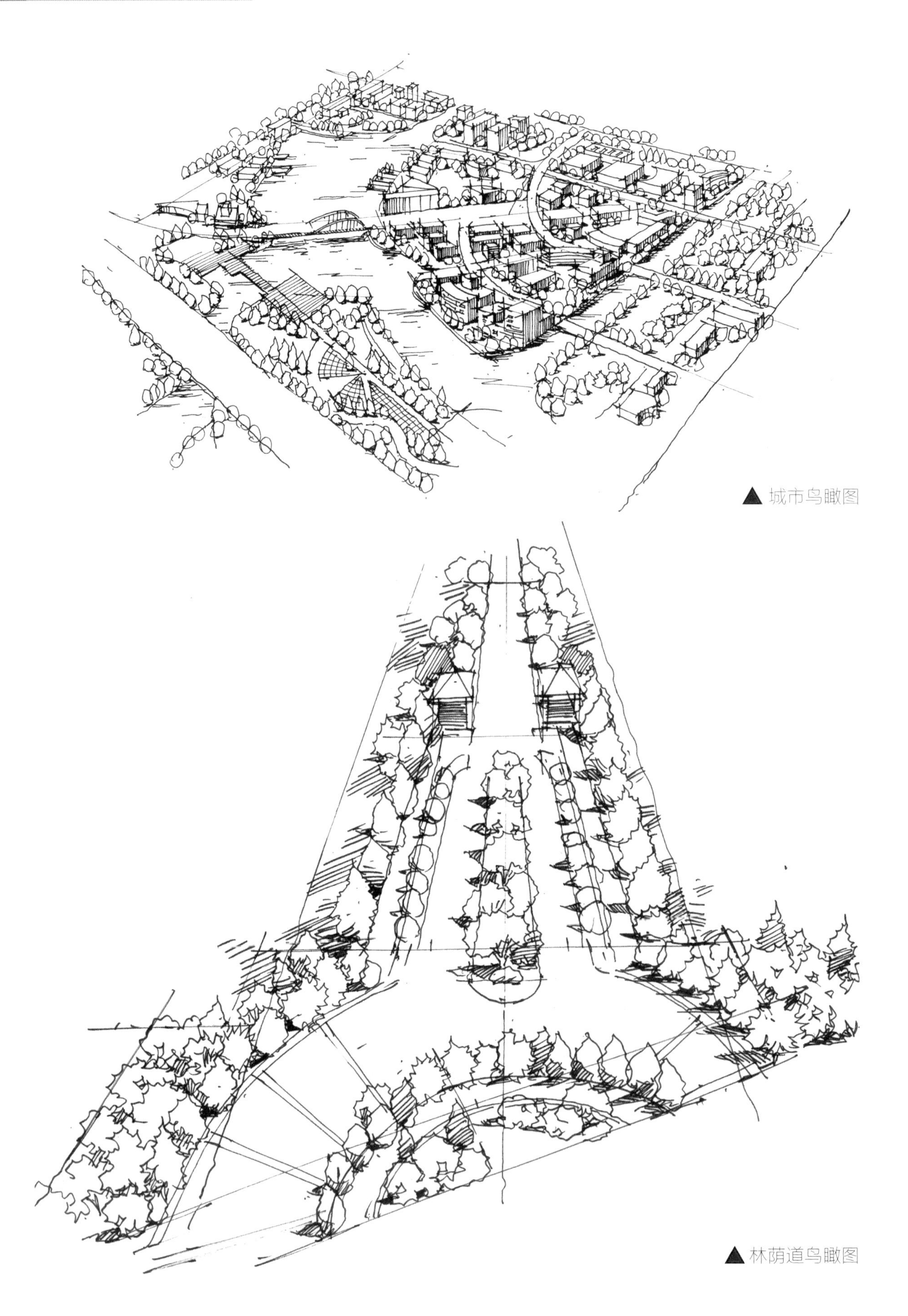

▲ 城市鸟瞰图

▲ 林荫道鸟瞰图

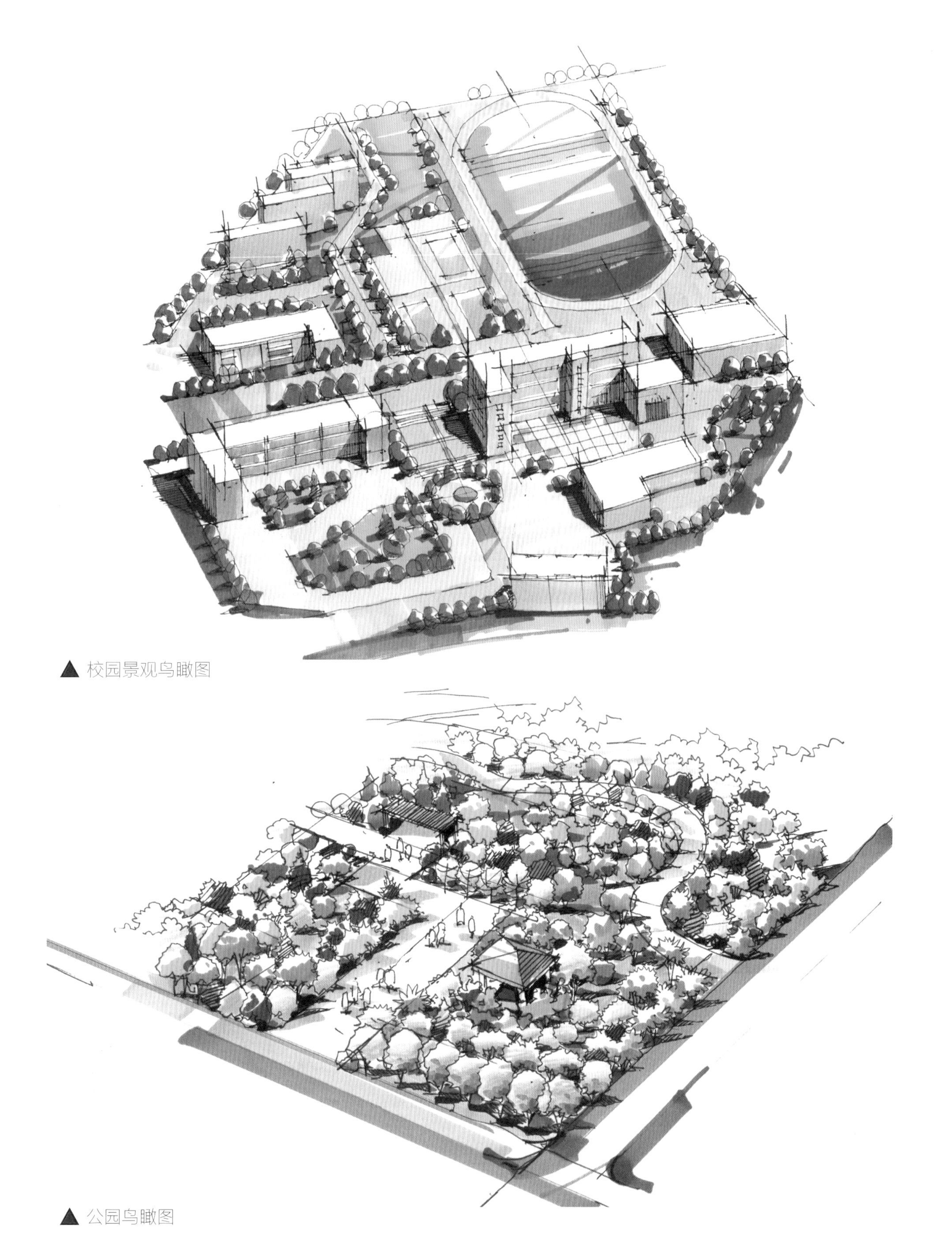

▲ 校园景观鸟瞰图

▲ 公园鸟瞰图

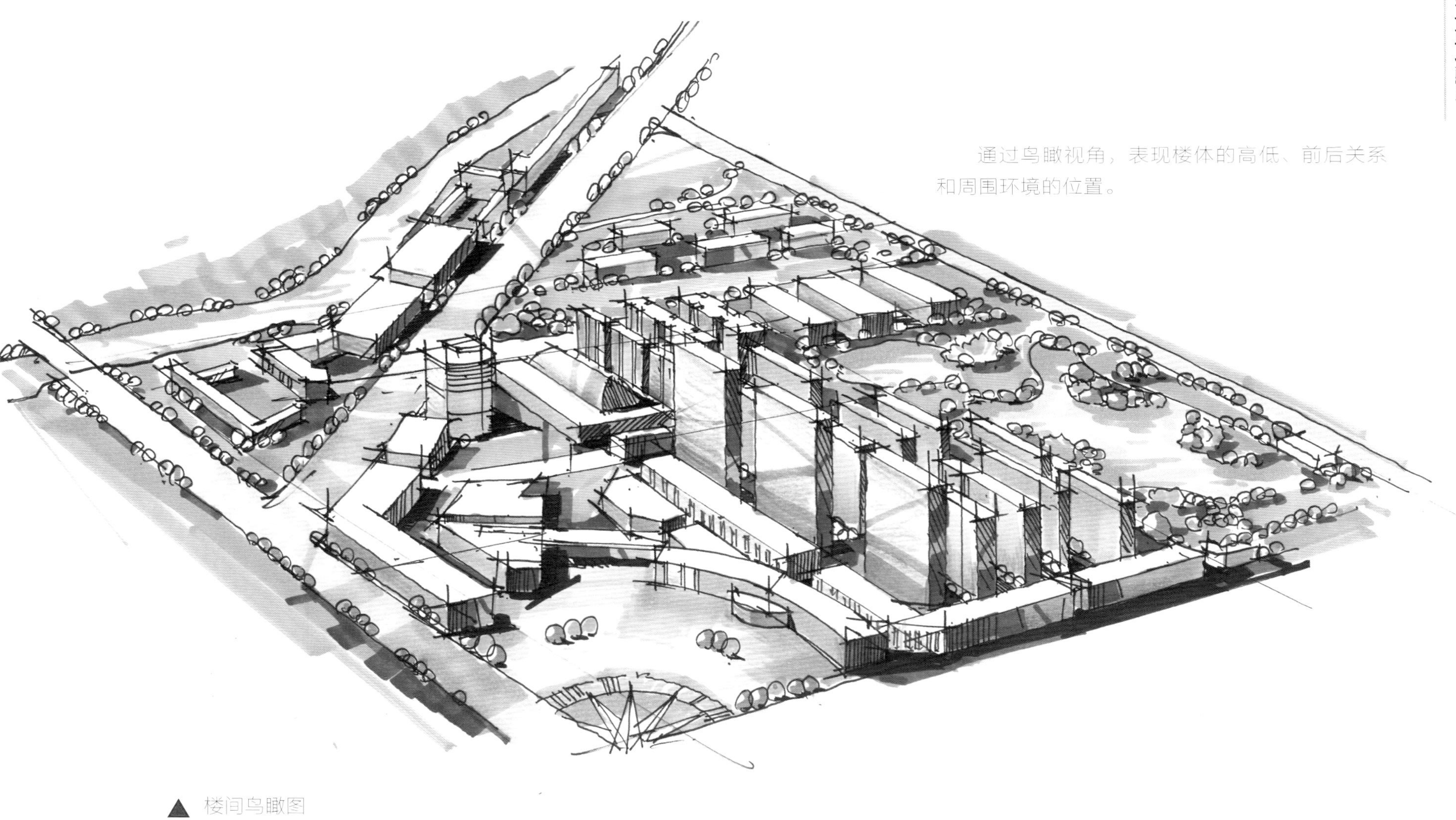

通过鸟瞰视角，表现楼体的高低、前后关系和周围环境的位置。

▲楼间鸟瞰图

画面运用一点斜透视，以俯视的角度表现地势的起伏变化和周围环境。主要对近处广场深入刻画，植物作为配景弱化烘托广场，画面颜色采用亮色系活跃场景的氛围。

▲广场鸟瞰图（1）

▲广场鸟瞰图（2）

第八章　设计手绘应用

第一节　考研快题

快题认知

快题设计是在规定的有限时间内快速表达和构思设计方案，将需要表达的大量内容进行精确地概括，并且将其表现出来，这是设计师以及考研学生综合能力的一个体现。景观快题手绘包含许多内容，从方案到效果图，再到设计说明，这些都是需要掌握的基本知识。下面讲解景观快题绘制方法以及需要注意的要点。

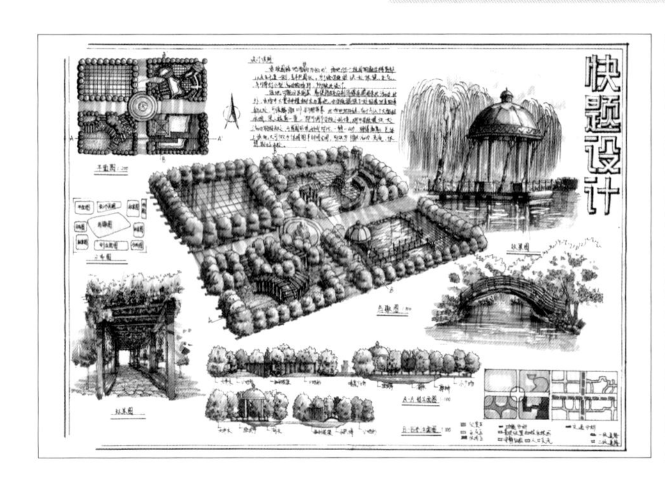

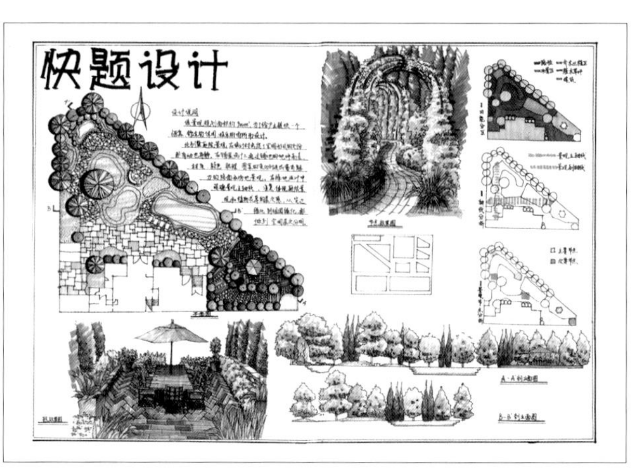

▲景观快题作品

景观快题设计要点

一、时间控制

一般的快题考试（例如考研、工作面试等）会有时间限制，也就是说在一定的时间内需要徒手表达大量的内容信息，这就需要在有限的时间里合理分配需要做的事，从构思方案开始，到草稿、上色，再到文字，每一步都需要明确思路，再加上手上功夫熟练，这样才能更充分地利用时间。

快题时间分配（以3h为例）：

① 审题（10min）。
② 平面图（60min）。
③ 鸟瞰图（30min）。
④ 扩初图（20min）。
⑤ 效果图+剖立面（25min）。
⑥ 分析图（10min）。

a.设计前期分析（有什么特别的概念、想法等，都可以用分析图表示出来，原则就是能用图表示的就不要用字）。

b.设计说明分析：对场地的一些理解也可以写在设计说明中，尤其当题中单独提到地域文化性时，最好写一下。

⑦ 设计说明+经济技术指标（10min）。

⑧ 上色（10min）：草地、水面。

⑨ 检查（5min）。

> 注意：
>
> 一定要把时间控制在3个半小时以内，然后考前保证有2～3次控制在3小时内，这样考试时间上就不会有大问题。上面的时间分配，可以视自身情况进行调整，适合就好。

二、图量控制

一幅完整的手绘快题作品需要有丰富的内容，要使内容丰富重要的一点就是适当的图量，以及图的多样性，其中就包含鸟瞰图、平面图、效果图、分析图、剖面图等。考试以及面试要求不同，图幅也不同，不同大小的图幅所需要的图量也需要随之改变。

三、方案构思

快题设计中的方案属于快速方案，首先考虑方案大的布局形式，比如整体方案的轴线关系，出入口位置及个数，人行、车行道路宽度，主要景观节点位置、大小，水景形状与范围，等等。方案构思的过程中需要考虑相关行业的设计规范，例如消防车道宽度、停车位摆放、人行道及车行道宽度等。

1.驳岸

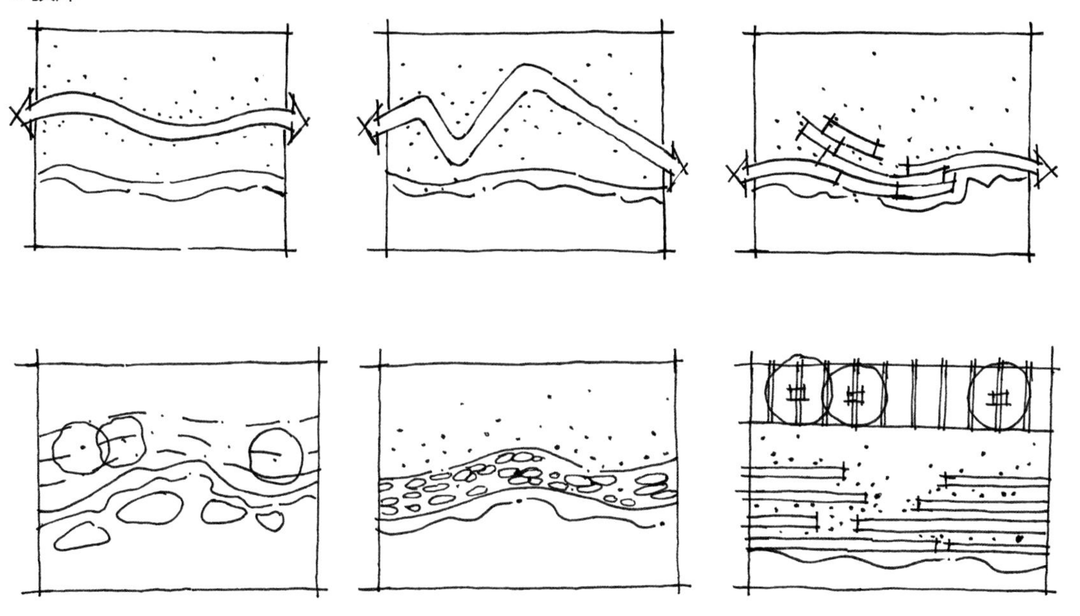

2.亲水平台

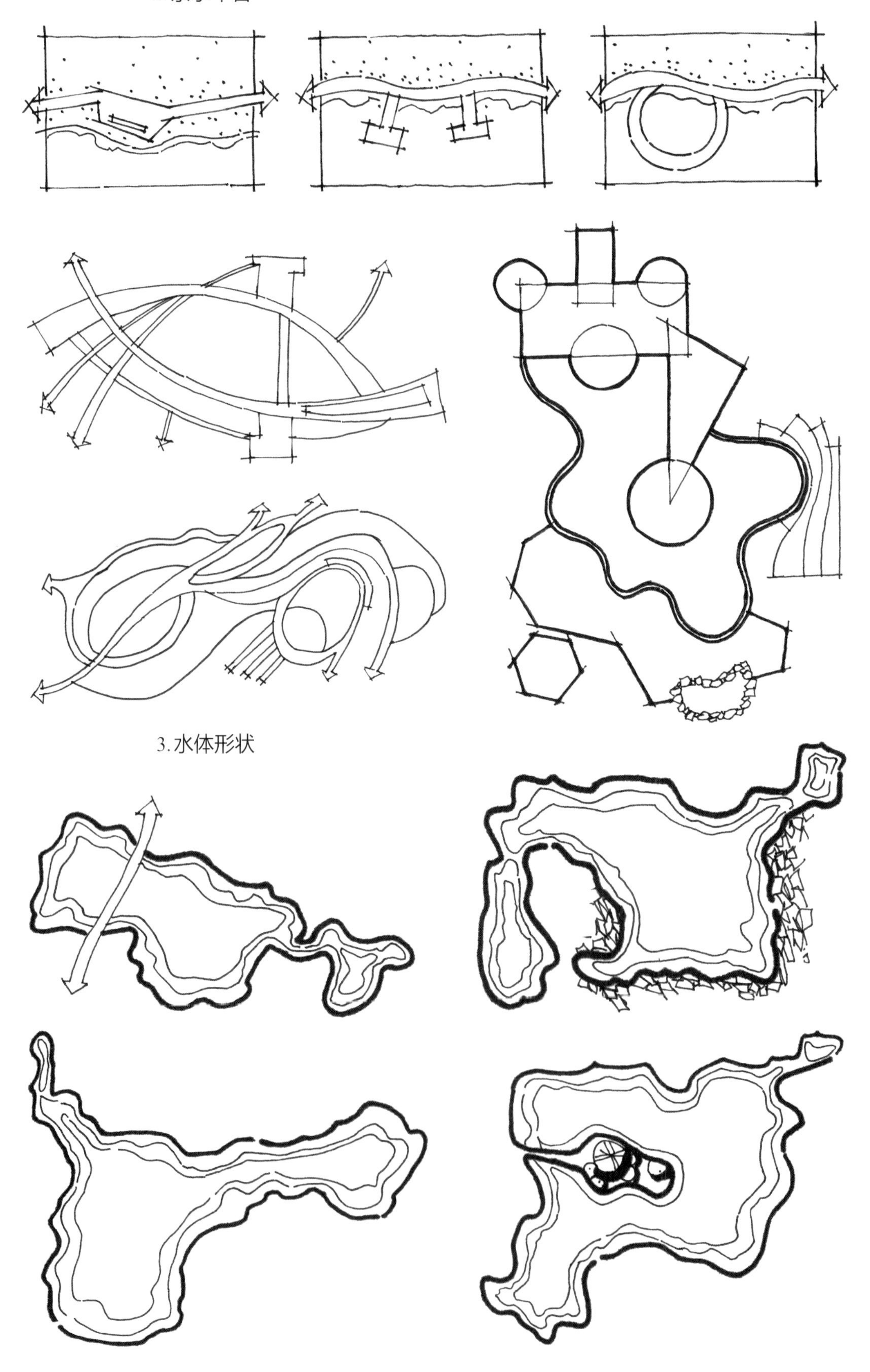

四、设计说明

设计说明中包含两个部分：其一是总设计说明，利用简洁易懂的语言将你的方案与方案内核心内容表达出来，由于时间限制问题，可提前准备几个设计说明模板并背下来，考试时可直接使用；其二就是经济技术指标，这一部分内容是以表格形式呈现的，主要体现硬化面积、绿化面积、硬化率、绿化率、容积率、停车位等基本数据。

1.总体设计说明（参考）

景观自身与自然美的完美融合，体现在景观的形式中，林荫路、景观亭、自然石、水瀑、涌泉、花钵及多层次的绿植形成了立体式景观轴线。中心景观为中心下沉阳光广场区。景观设计中充分遵循生活的自然性理念，将建筑、水景、绿屿美景相串联。将社区居民吸引到这里，人们可以在这里交流集会、活动休闲、休憩小坐，这里给人们一个沉浸在景观中的理由。

2.经济技术指标（参考）

经济技术指标				
序号	指标名称	单位	数量	备注
1	停车场	个	20	
2	总面积	m^2	3261.4	
3	绿地面积	m^2	1639.15	
4	硬地面积	m^2	1622.25	
5	绿地率		50.3%	
6	硬地率		49.7%	

五、画面排版布置

快题作品的版式尤为重要。好的排版能让画面显得饱满且不凌乱。在一个好的版式中，对色彩的搭配，大小的对比，装饰的运用，文字与图的结合都要做得非常到位。下面有几种快题版式供大家参考。

标题　指标
总平面图　分析图　扩初　鸟瞰/透视
说明　剖立面

标题
总平面图　分析图　剖立面　剖立面　鸟瞰/透视
说明

标题　说明
总平面图　分析图　剖立面　鸟瞰/透视

标题 指标
总平面图 分析图 鸟瞰/透视

标题 指标 透视
剖立面 总平面图 分析图

标题 总平面图 说明 扩初
分析图 剖立面
鸟瞰/透视

标题 总平面图 说明 扩初
分析图 剖立面
鸟瞰/透视

各类配图画法

一、比例尺

比例尺能更好地体现平面方案的尺度感，可以根据比例尺来推算道路的宽度、长度，等等。

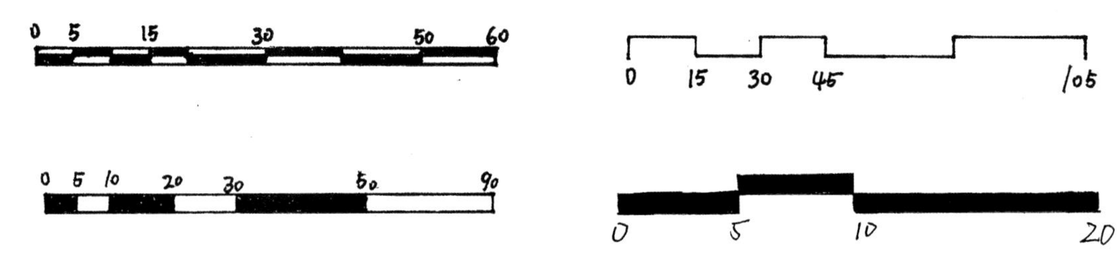

二、指北针

指北针最主要的作用就是准确辨别方案地块的方向，也是快题设计中不可缺少的一项。

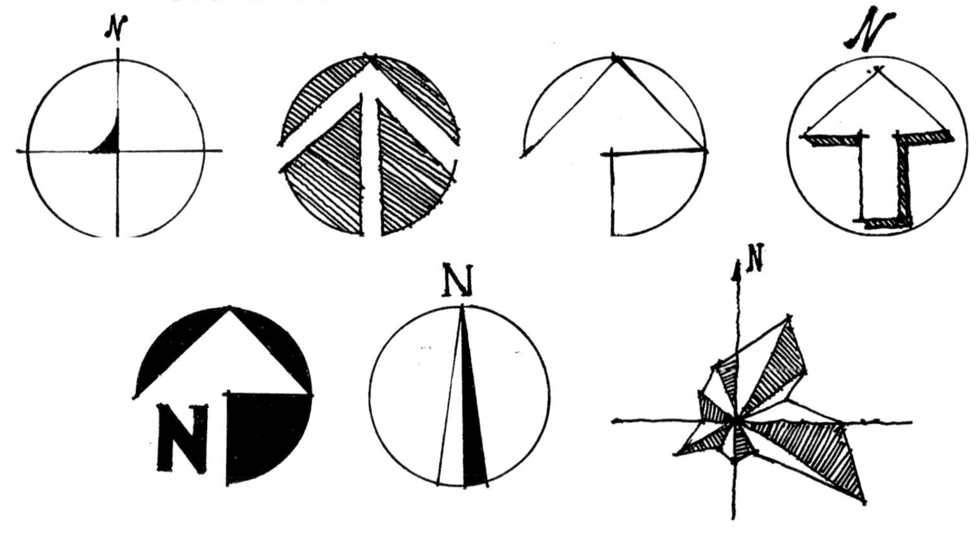

三、图名

设计说明 效果图 景观总平面图 剖立面图 分析图 鸟瞰图 指北针 比例尺

景观总平面图 设计说明 剖立面图 鸟瞰图 分析图 效果图

四、标题（字体）

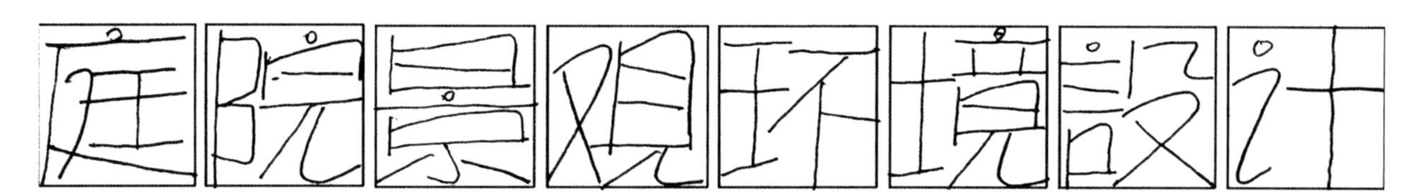

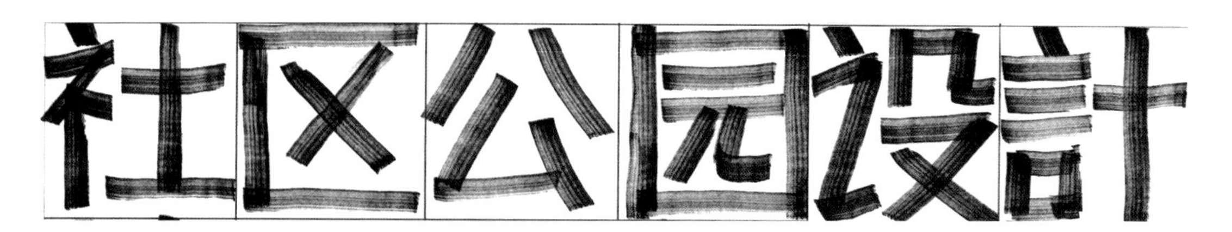

快题设計

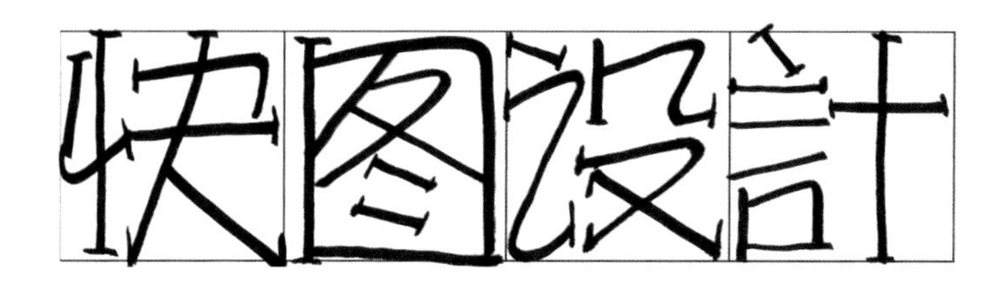

五、分析图

分析图是快题作品当中的一部分。在快题设计中，分析图能快速阐释设计者的设计意图。优秀的分析图很多时候比文字性的设计说明更具备可读性。分析图能丰富卷面内容，同时能调节版式构图，可灵活地穿插在卷面中需要构图调节的地方。分析图的表现用色一般比较鲜艳，能调节整体的卷面氛围。景观设计中分析图包括：路网分析图、高程分析图、功能分区分析图、景观节点分析图等。

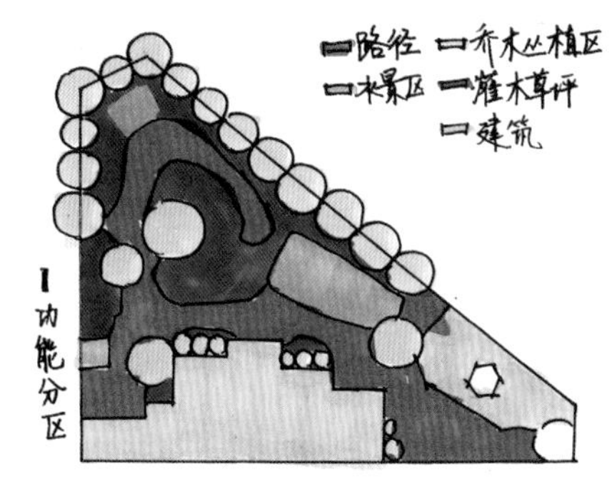

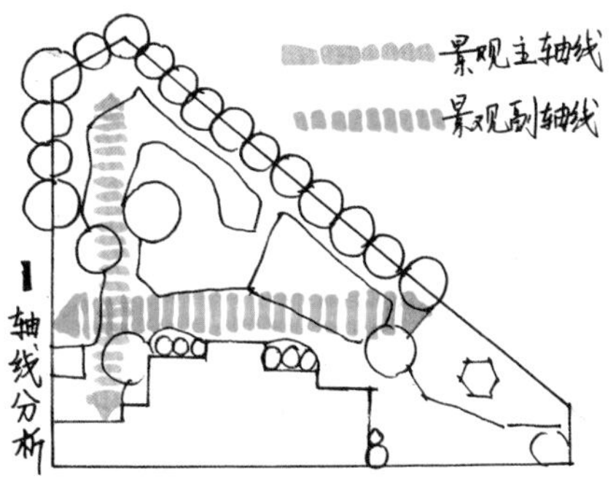

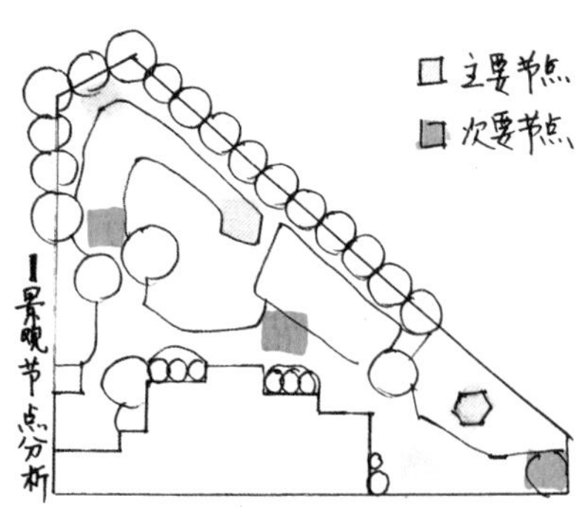

快题作品展示

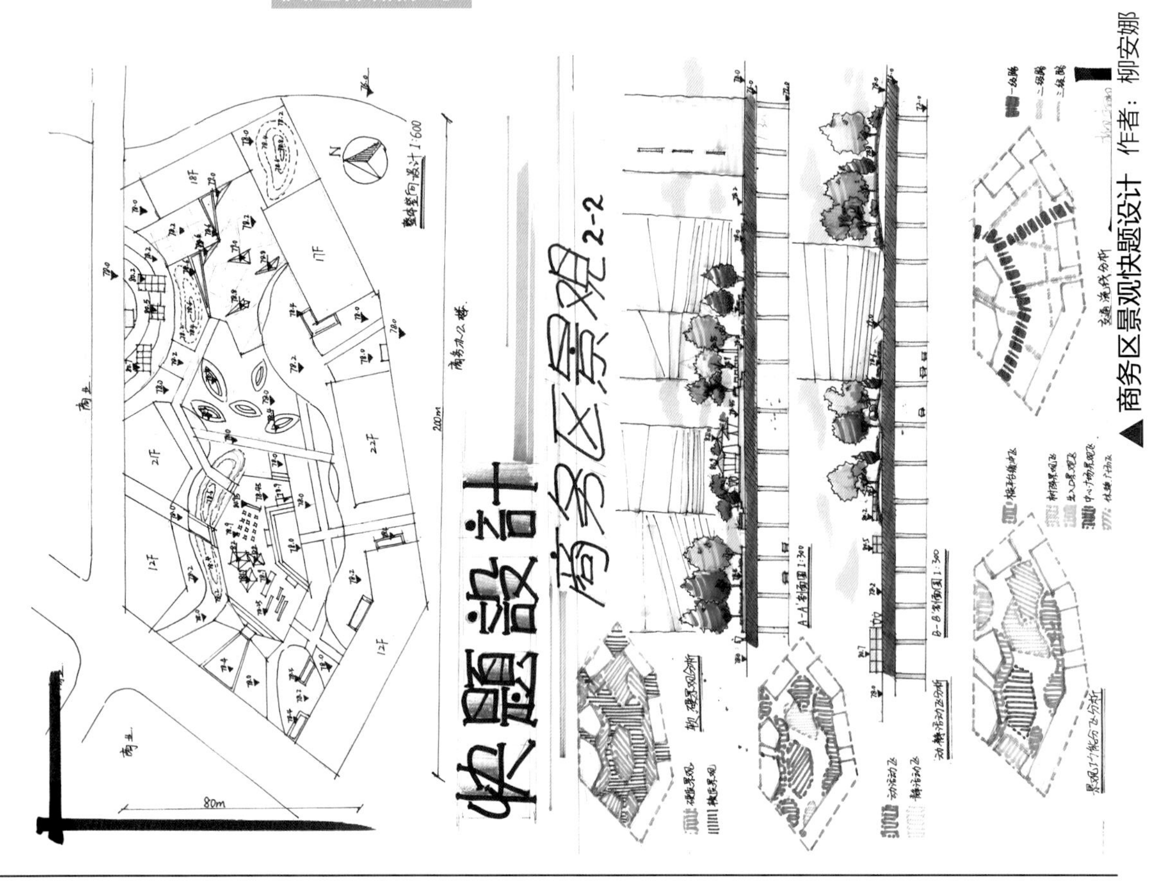

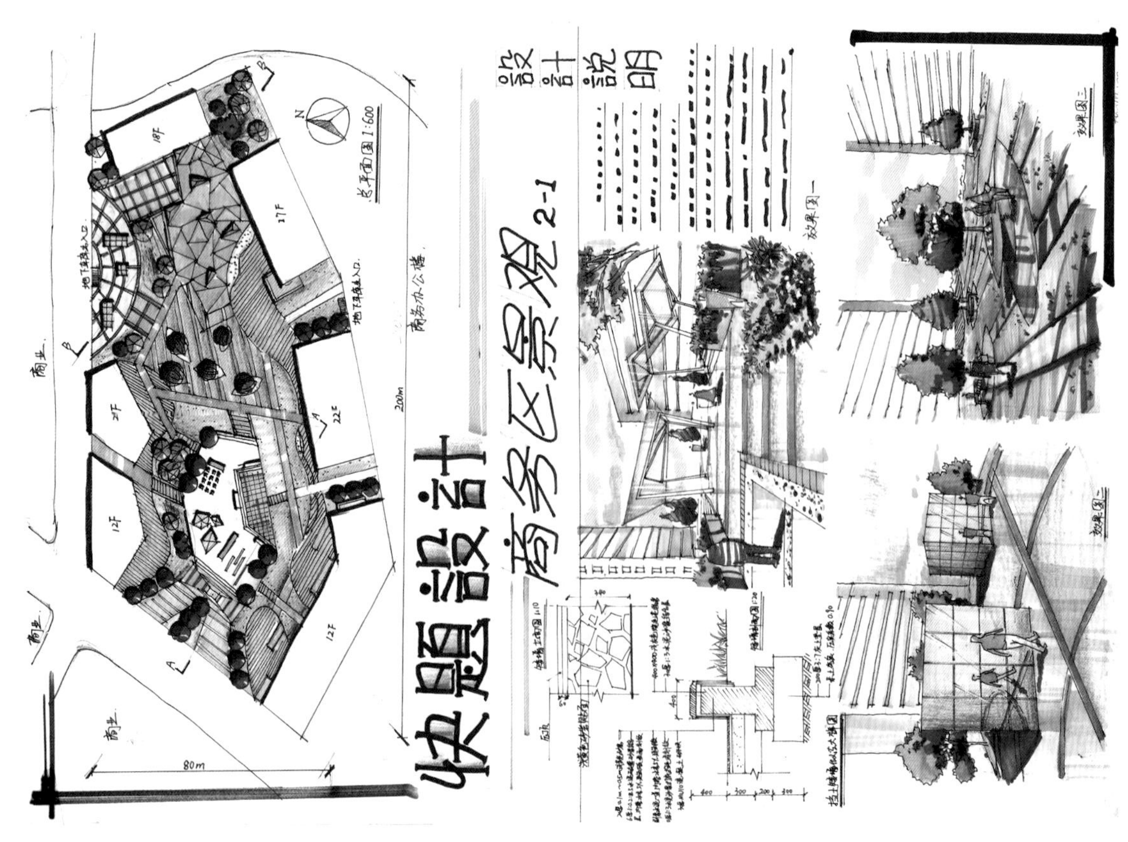

▲商务区景观快题设计 作者：柳安娜

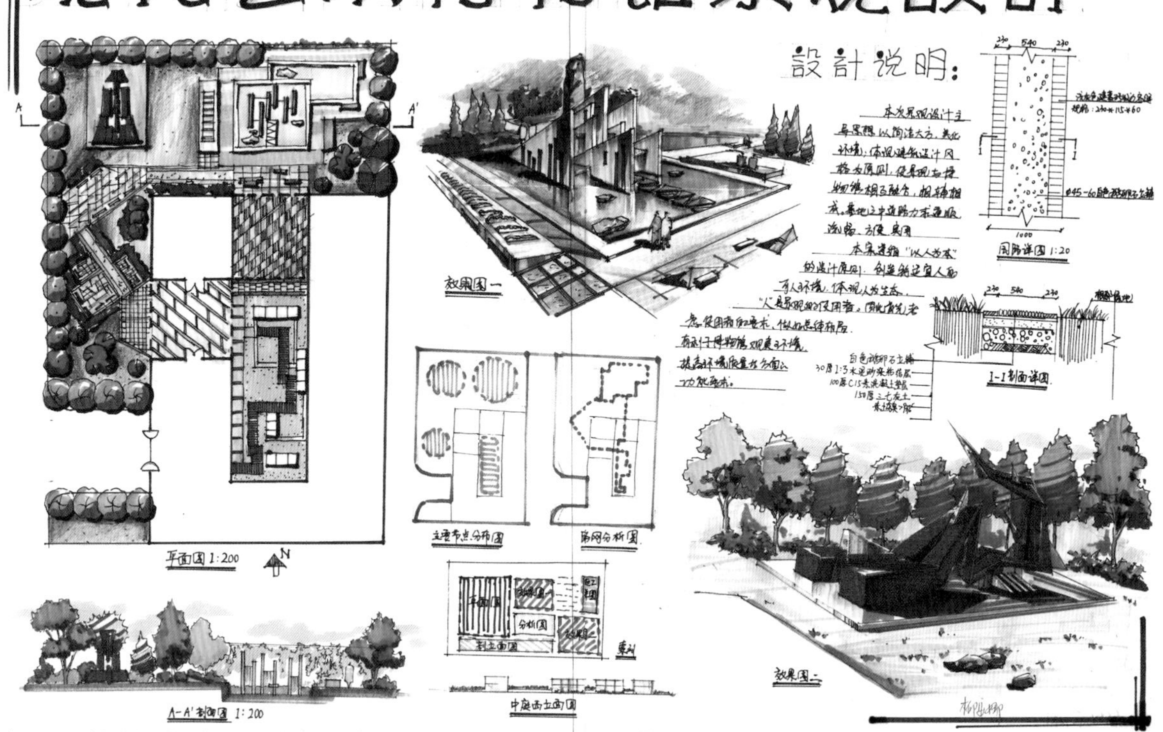

▲ 现代艺术博物馆景观快题设计　作者：柳安娜

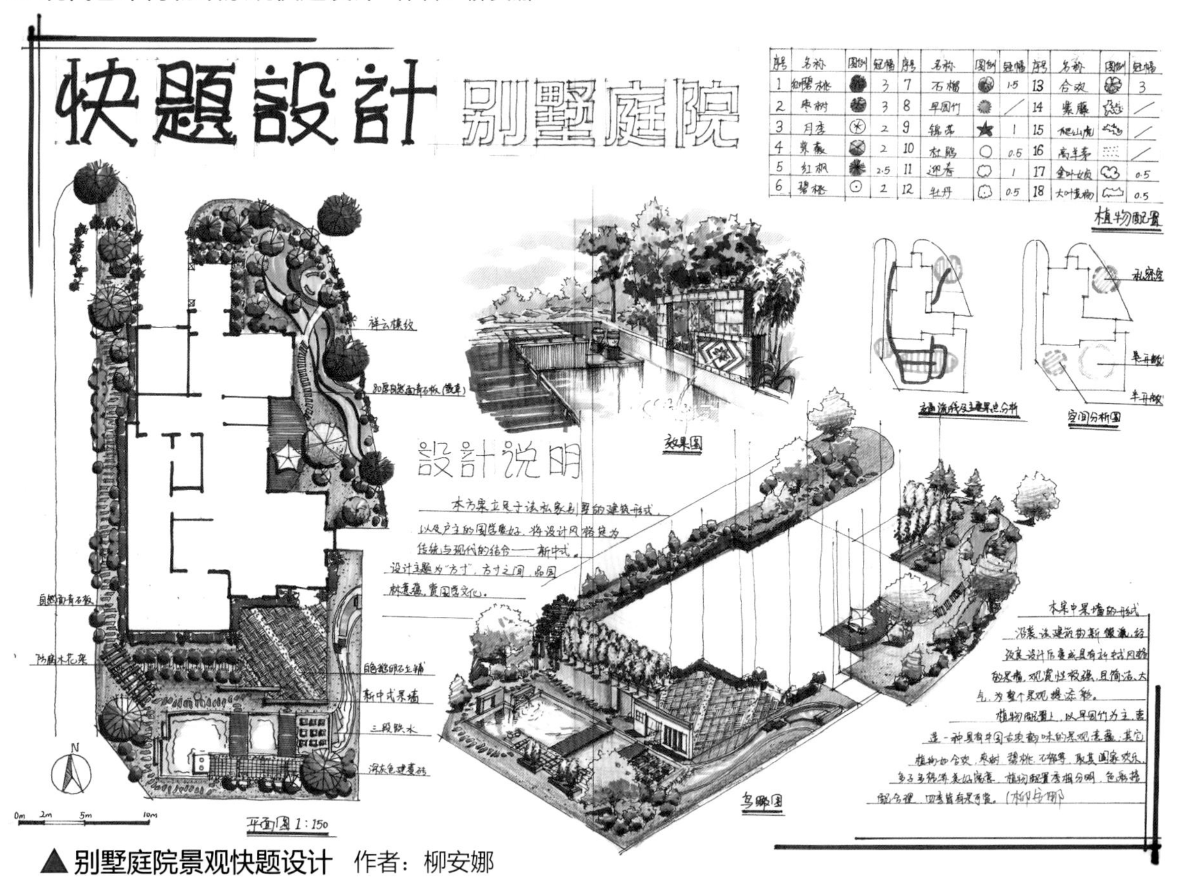

▲ 别墅庭院景观快题设计　作者：柳安娜

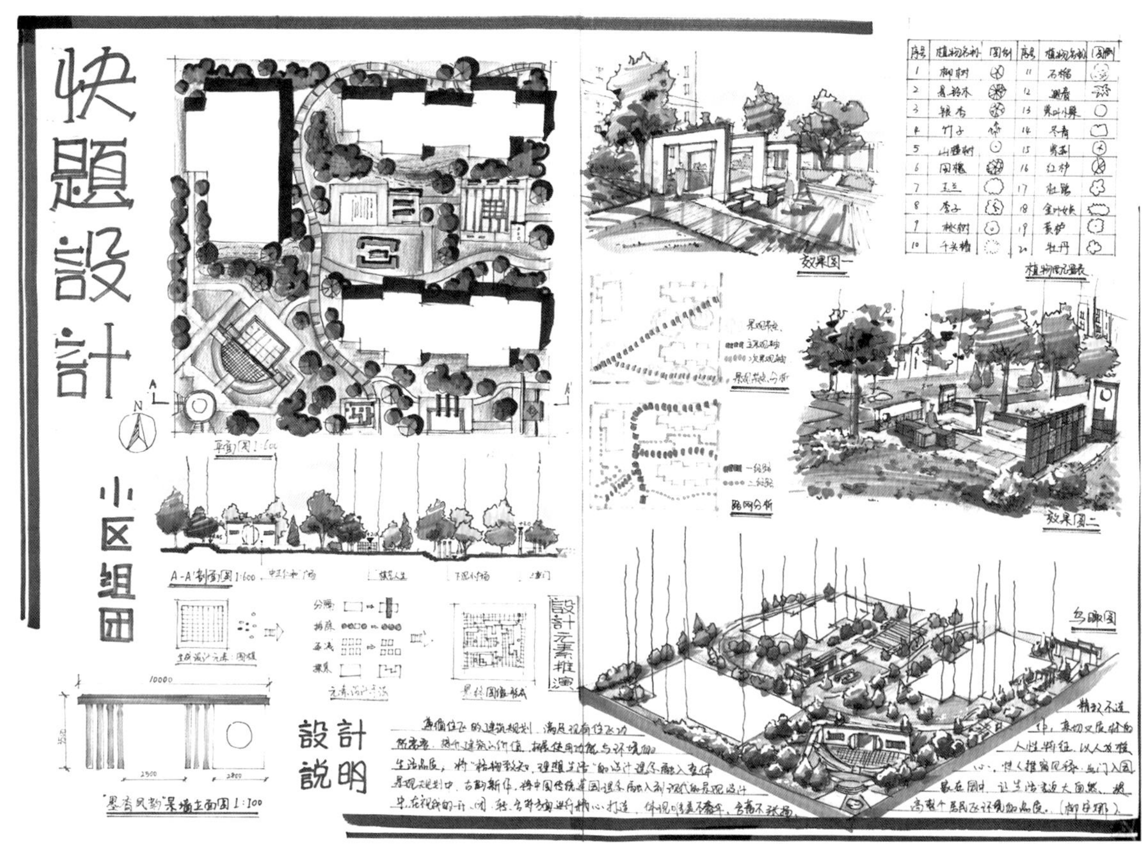

▲居住区景观快题设计　作者：柳安娜

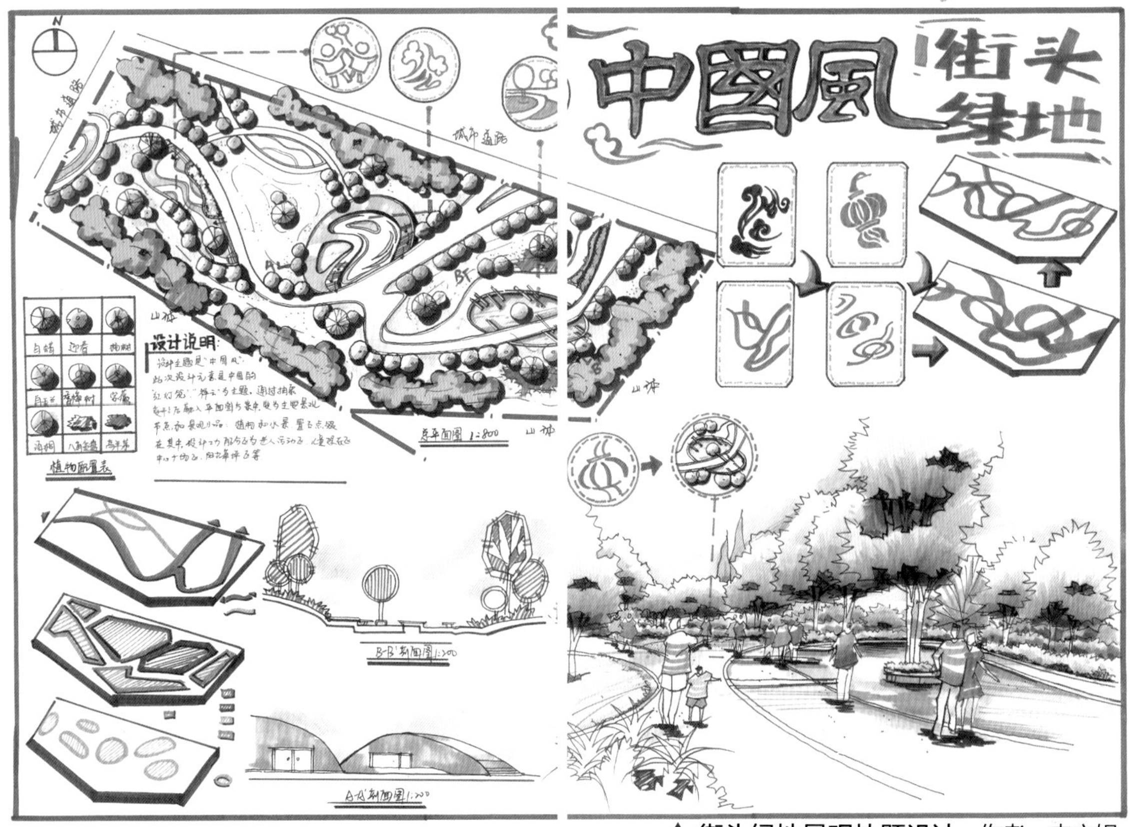

▲街头绿地景观快题设计　作者：申文娟

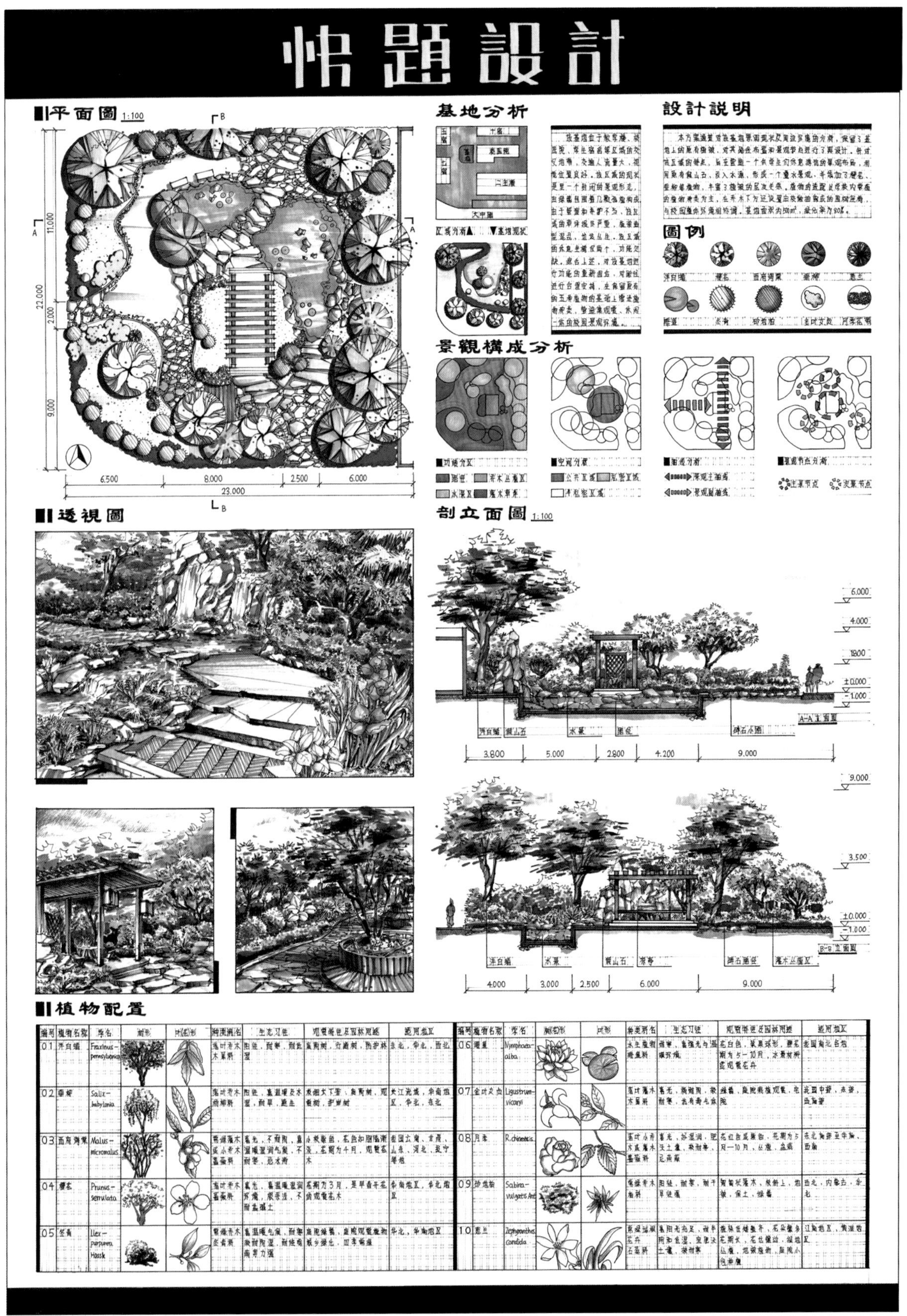

▲校园景观快题设计　作者：马世梁

第二节　就业手绘——快速方案

与快题和普通平面图手绘相比，景观设计行业的手绘更多地侧重于方案的落地性以及可实施性，这对已就业的设计师来说是必须掌握的技能。在构思平面方案的阶段，不仅仅只局限于画面的美观和表现的技法上，需要考虑的问题非常多，例如材质、路的宽度、整体尺度感以及相关行业的设计规范等。

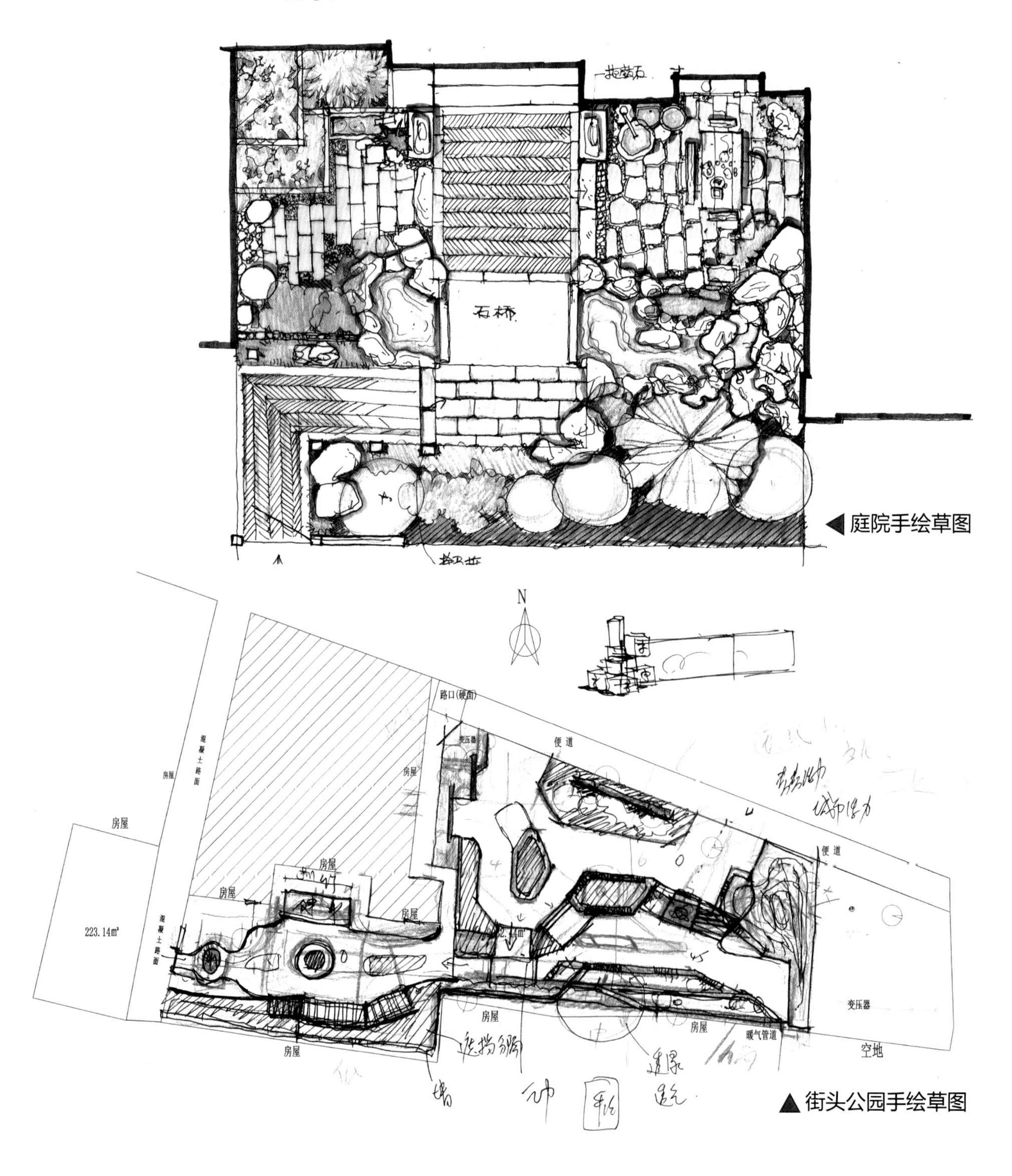

◀ 庭院手绘草图

▲ 街头公园手绘草图

下图是一个居住区的手绘草图概念方案。在构思此方案时，需要参考居住区的设计规范，这里要注意几点：

① 消防车道的宽度（硬性规定）；

② 消防登高面（硬性规定）；

③ 区域划分；

④ 实用功能性；

⑤ 主次道路区分。

> 居住区中的消防设计尤为重要，其中最主要的两点就是消防车道与消防登高面。现行消防车道设计规范中要求车道最窄不得小于4.5米，登高面大小根据建筑层高有不同的规定。

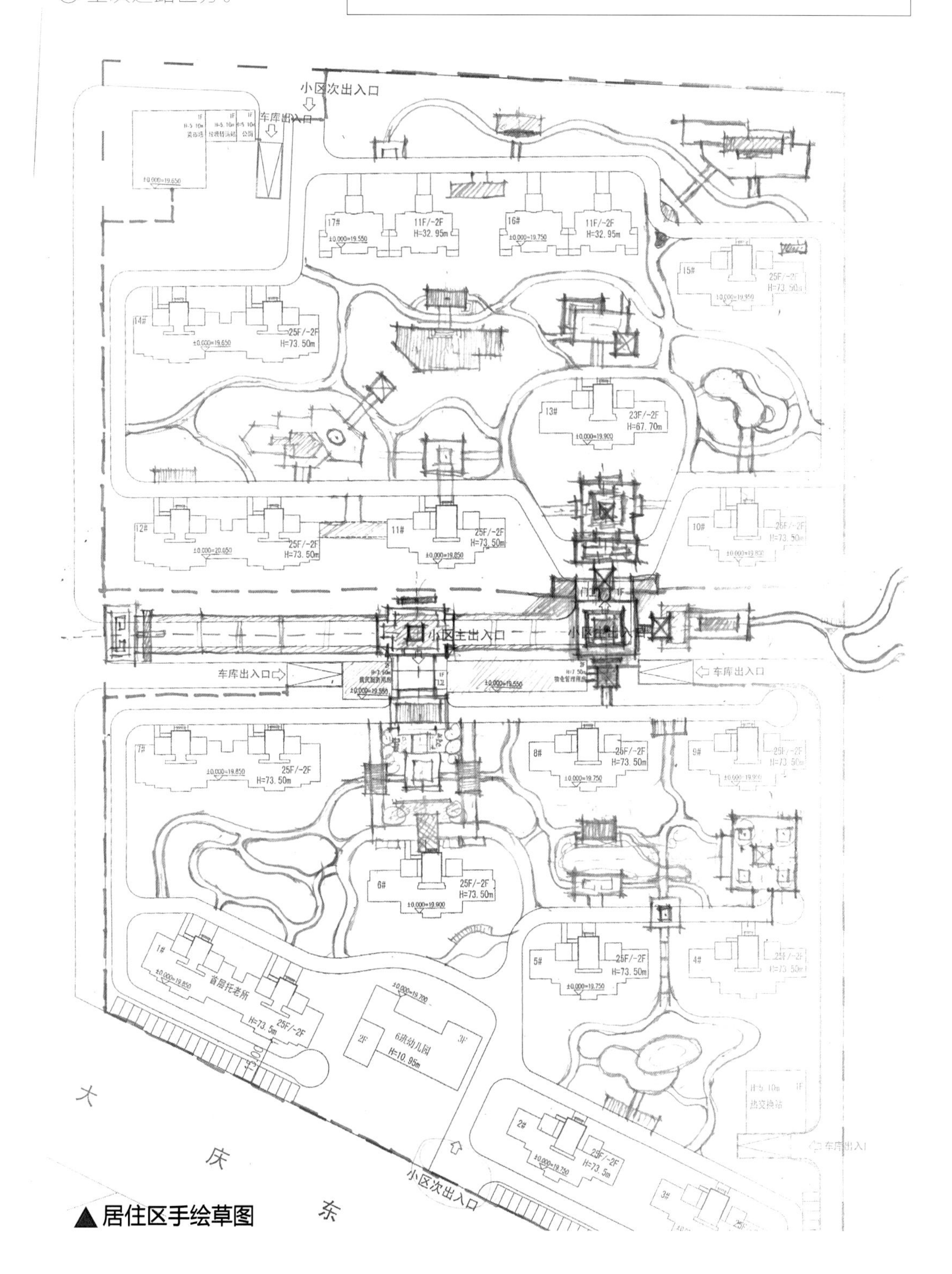

▲居住区手绘草图

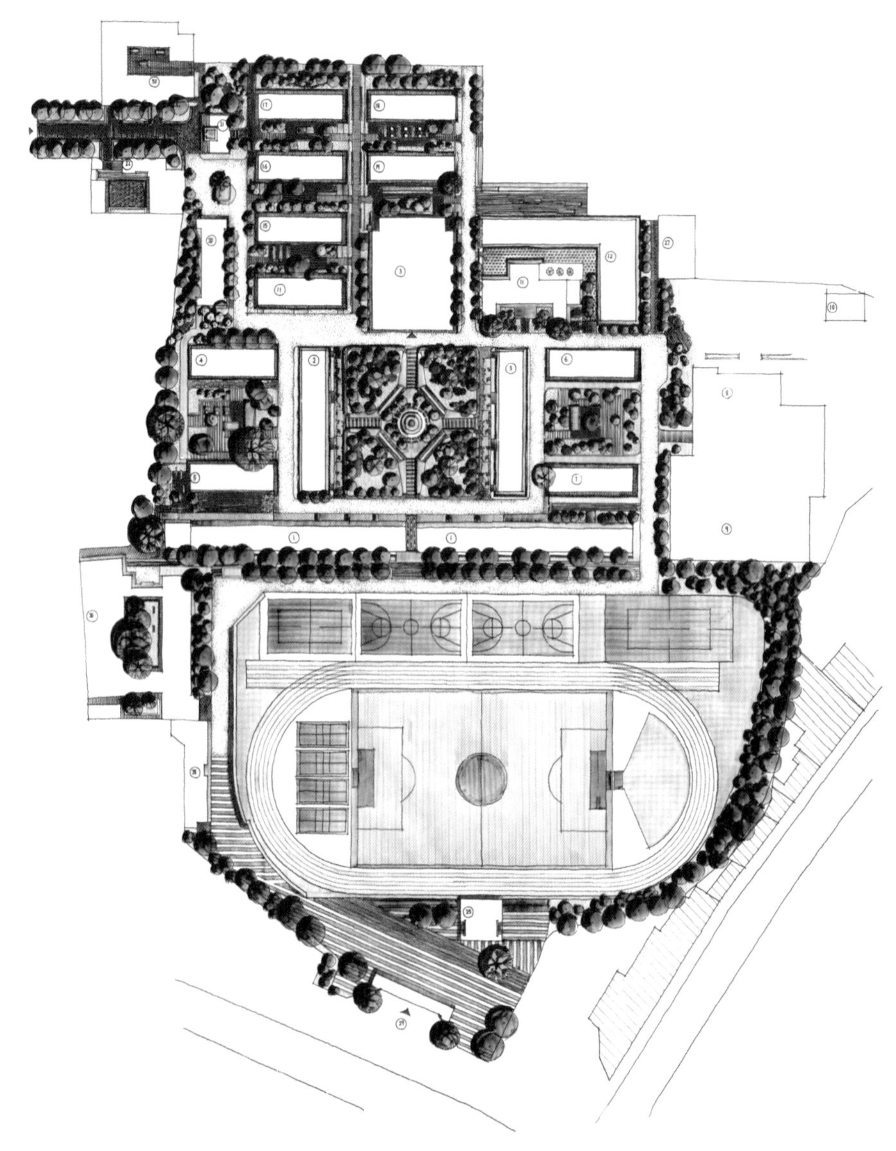

▲手绘平面方案　作者：马世梁

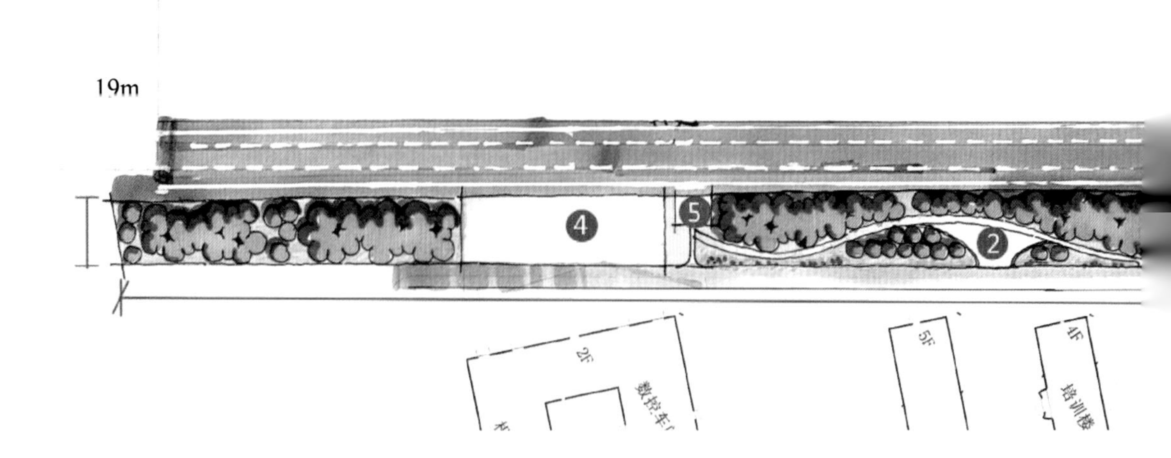

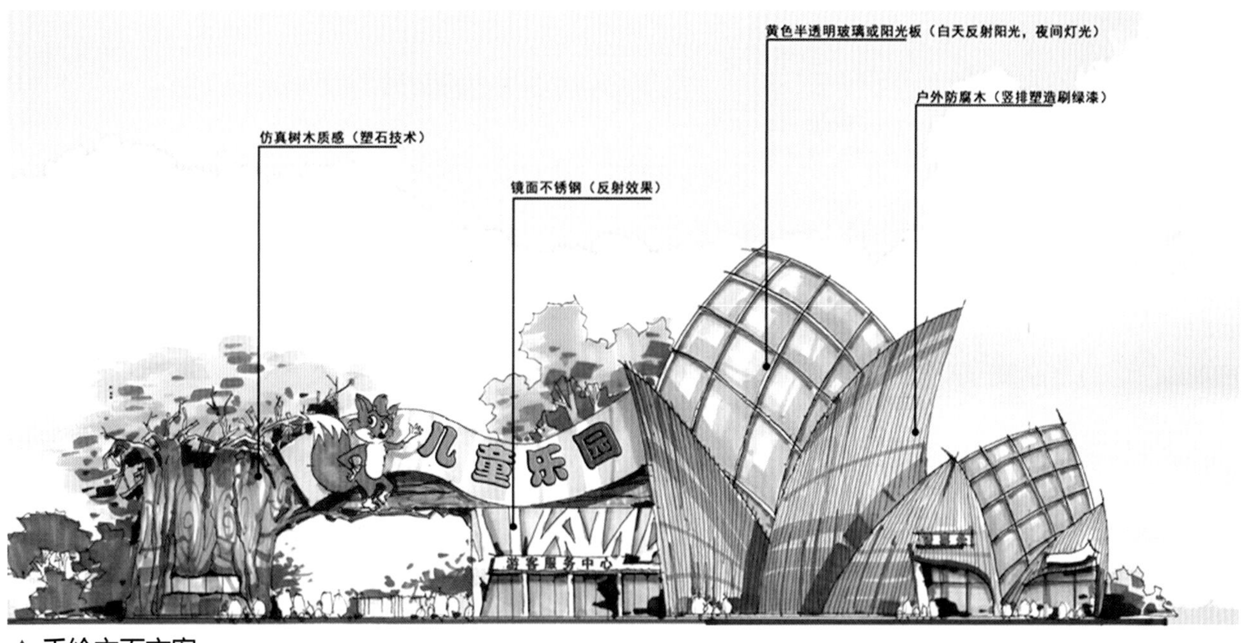

▲ 手绘立面方案

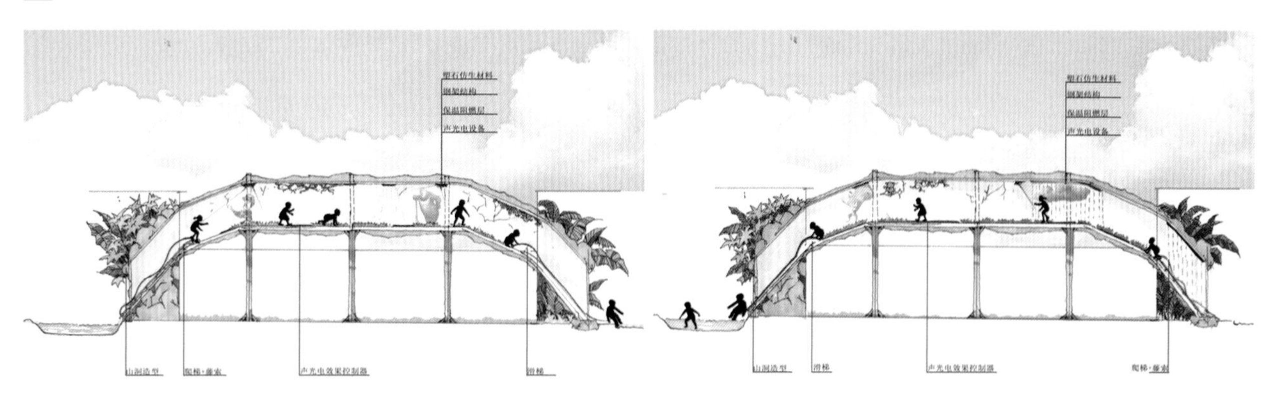

▲ 手绘剖面方案

上图方案是一个儿童乐园游客服务中心的大门设计。此方案最主要的就是满足游客的使用功能，在满足此需求的基础上，更深层次的是需要考虑主体物的尺度大小、主要材质以及结构问题。

▼ 游园手绘平面方案

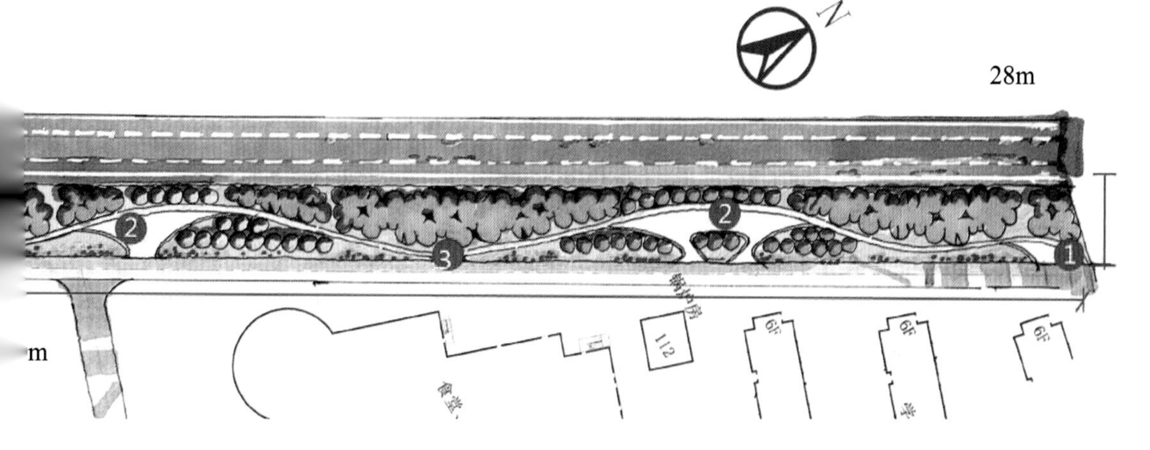

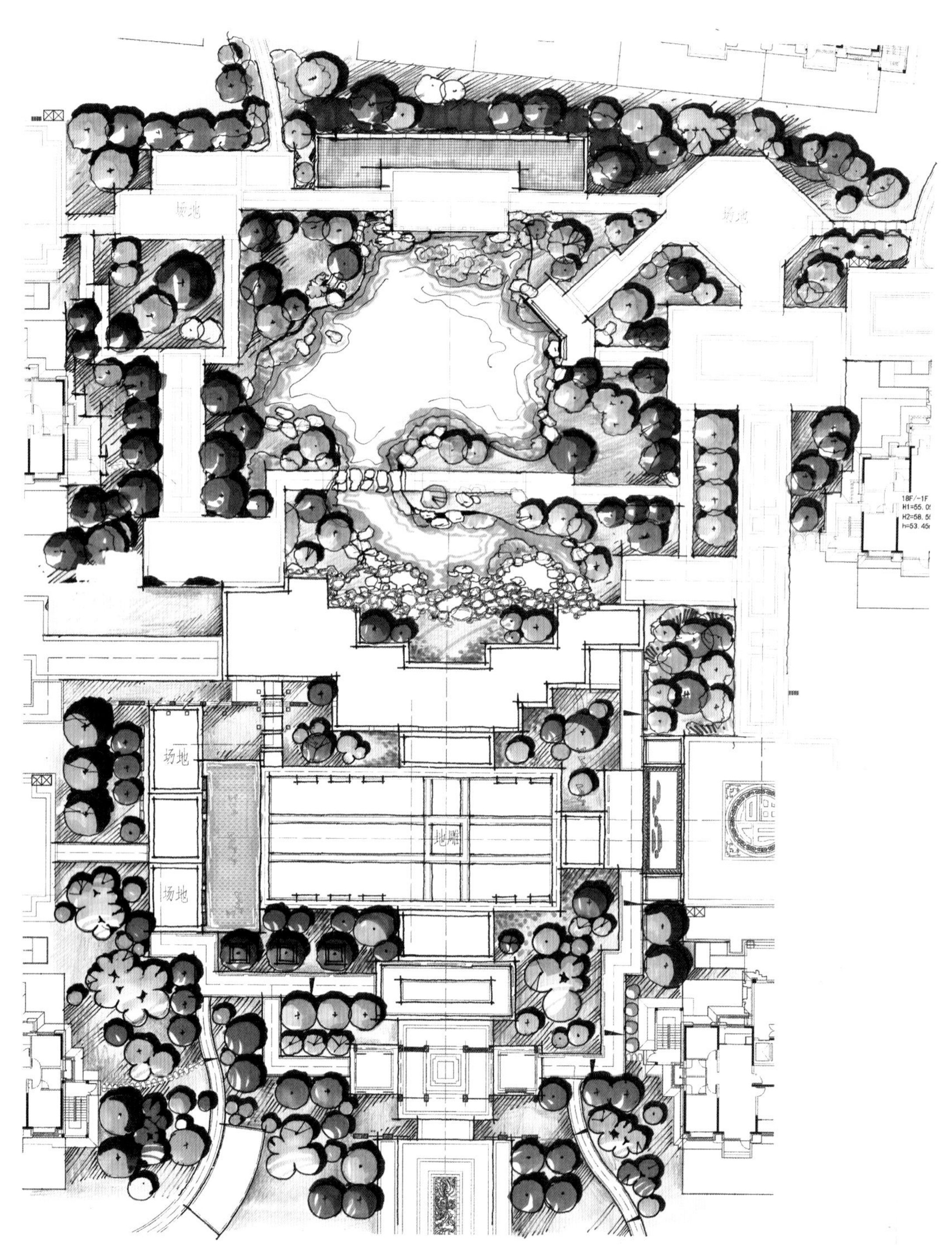

▲**居住区手绘平面概念方案** 作者：刘贺明

上图是居住区的手绘平面概念方案。在设计此方案时，需要参考居住区道路、消防通道、消防登高面、植物搭配、水体等相关规范来规划设计。

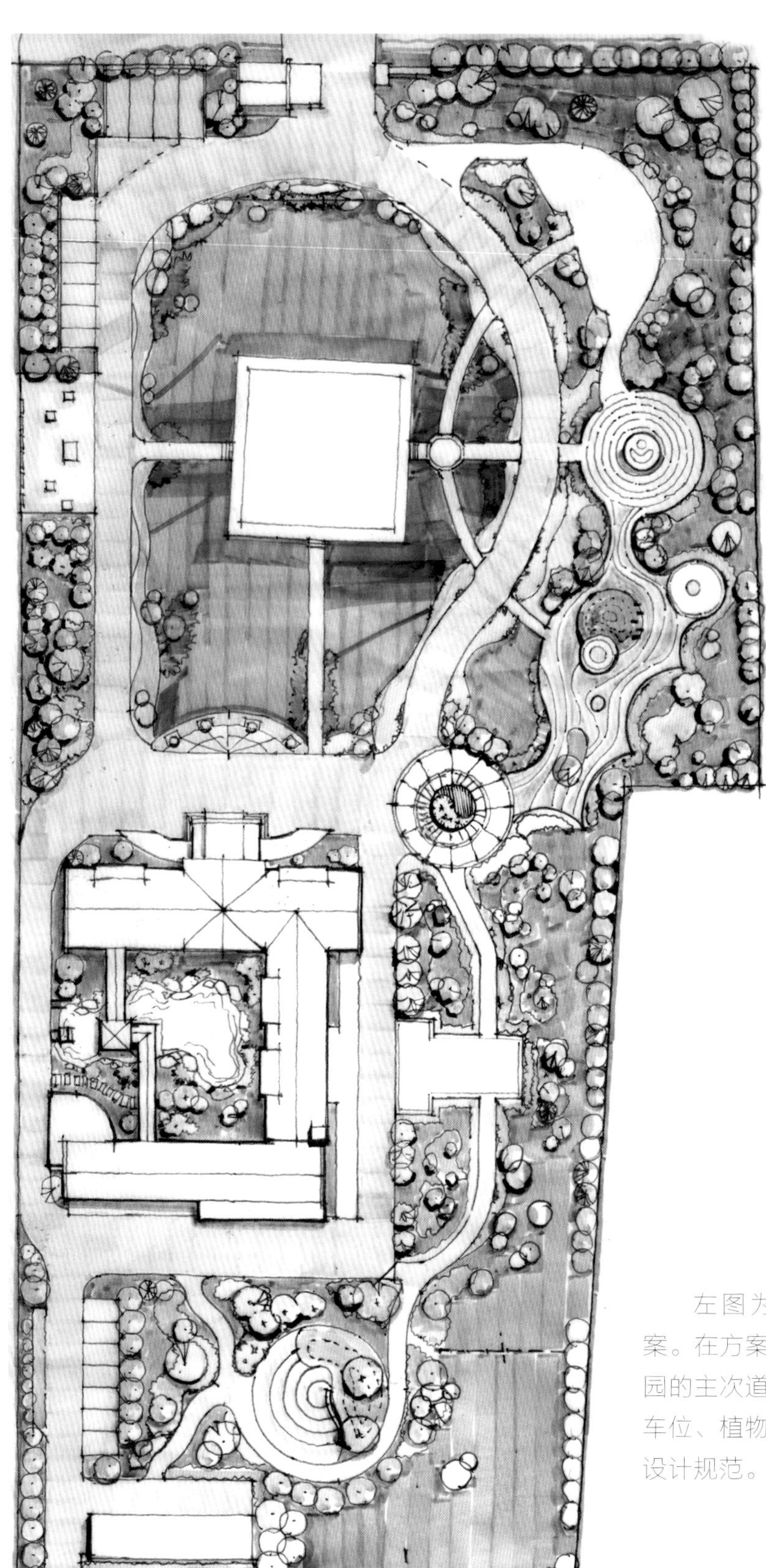

▲游园手绘平面方案　作者：刘贺明

左图为游园手绘平面方案。在方案设计时，要考虑游园的主次道路、功能分区、停车位、植物、消防通道等相关设计规范。

第三节　实际项目手绘监造

武强园

该项目位于河北省衡水市园博园内。武强园设计提取传统造园手法精髓，通过对武强文化符号的再创作，结合县委县政府“音画风尚，文盛武强”的设计指导思想，巧妙利用原始地形地貌，打造丰富的竖向设计内容，种植乡土植物花卉，深入挖掘千年古县武强文化底蕴，运用新材料、新工艺、新手法，打造一个新时代新武强的新面貌。

● 设计摘要

地点：河北省衡水市

设计性质：展园

基地面积：1524㎡

设计时间：2016年12月

施工时间：2017年4月—2017年7月

主要内容：入口仪门、主展馆、大提琴演奏台

▲“武强园”设计前现状

▼ 平面草图

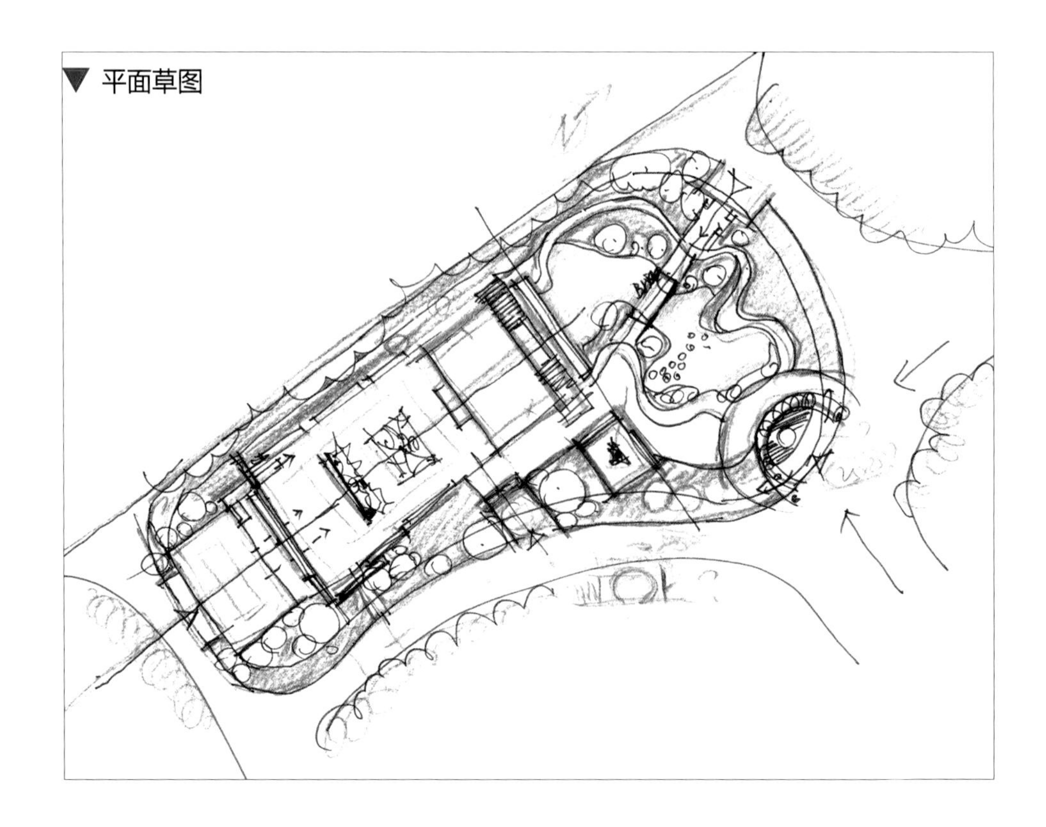

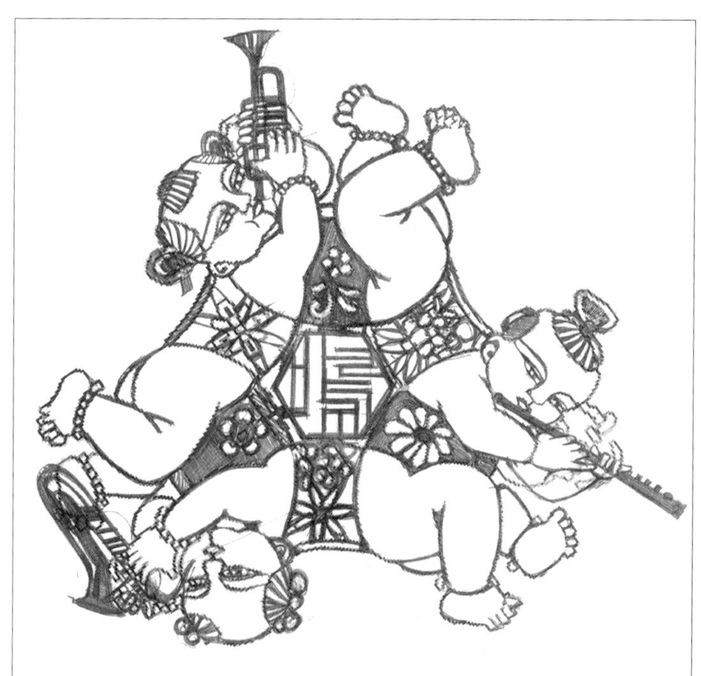

在传统武强年画中，最具代表意义的作品就是“六子争头”。在本案中，将“六子争头”娃娃手中的苹果、桃子等元素改为金音乐器元素，使武强经典年画与乐器相结合，应和“音画风尚”之主题，形成崭新的“六子争鸣”的图形。

◀“六子争鸣”年画手绘草稿

▼“六子争鸣”互动景墙实景

“武强园”深化平面图▼

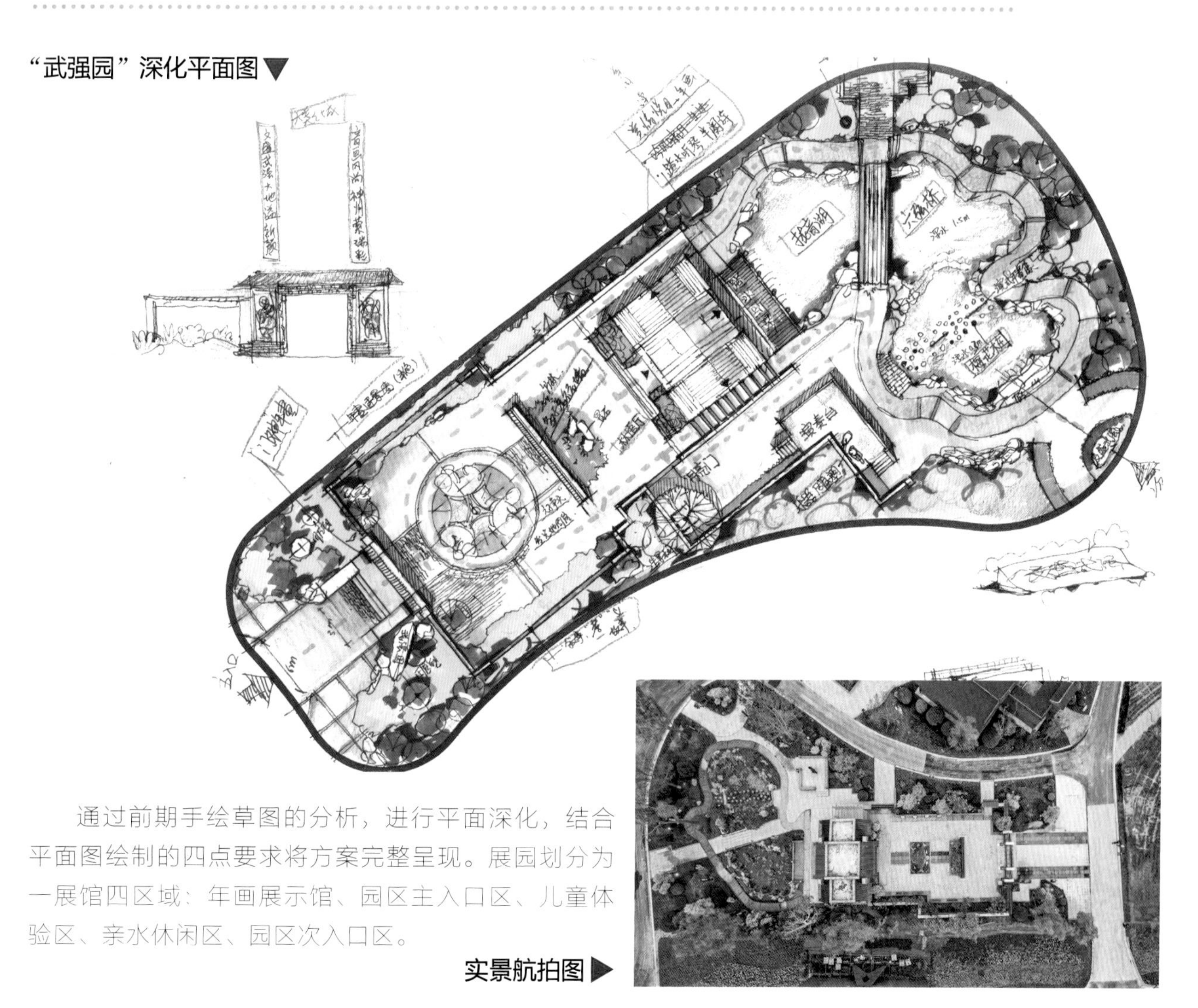

通过前期手绘草图的分析，进行平面深化，结合平面图绘制的四点要求将方案完整呈现。展园划分为一展馆四区域：年画展示馆、园区主入口区、儿童体验区、亲水休闲区、园区次入口区。

实景航拍图▶

▲“武强园”手绘鸟瞰图

上面的手绘鸟瞰图能够充分体现空间布局，其讲究的是自然美，追求的是深邃的意境。通过借景、对景、分景、隔景等手法的应用，将自然界的美景浓缩于院中，营造出以小见大、曲径通幽、虚实相生的园林景观。在空间形态上，主要应用建筑的分隔，使自然要素如植物、水渗透到园中，使人们在园内领略大自然的乐趣。

“武强园”实景航拍图 ▶

▼“武强园”手绘剖面图

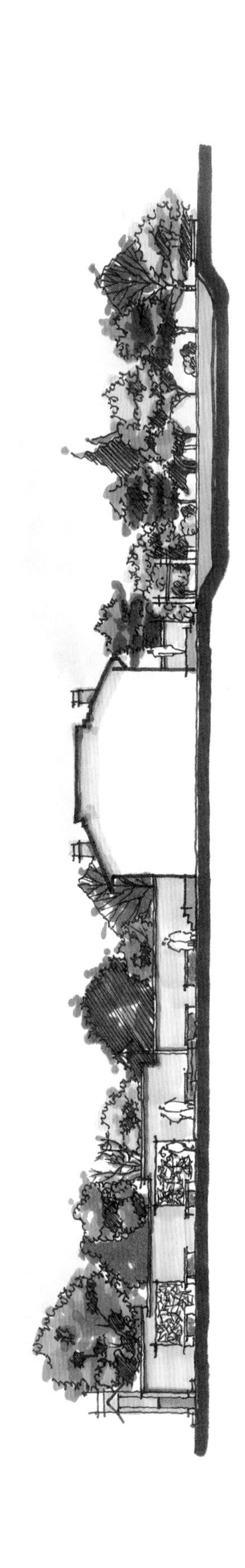

▲"梅花拳"节点手绘草稿

在冀中声名远扬的武强梅花拳是中国武术的瑰宝。梅花桩取自梅花拳，将梅花桩与水结合，梅花拳师的身影跃然于上，可彰显武强梅花拳文化魅力。

▲"梅花拳"节点实景

▲"武强园"入口景石手绘草稿

"武强园"入口景石实景▶

步入景园正门，素雅景韵映入眼帘。“音画风尚神舟萦瑞彩，文盛武强大地溢新颜”。作为千年古县精华的武强园传承传统民居精髓，紧随时代步伐，以新中式的风格满足现代人的审美需求。

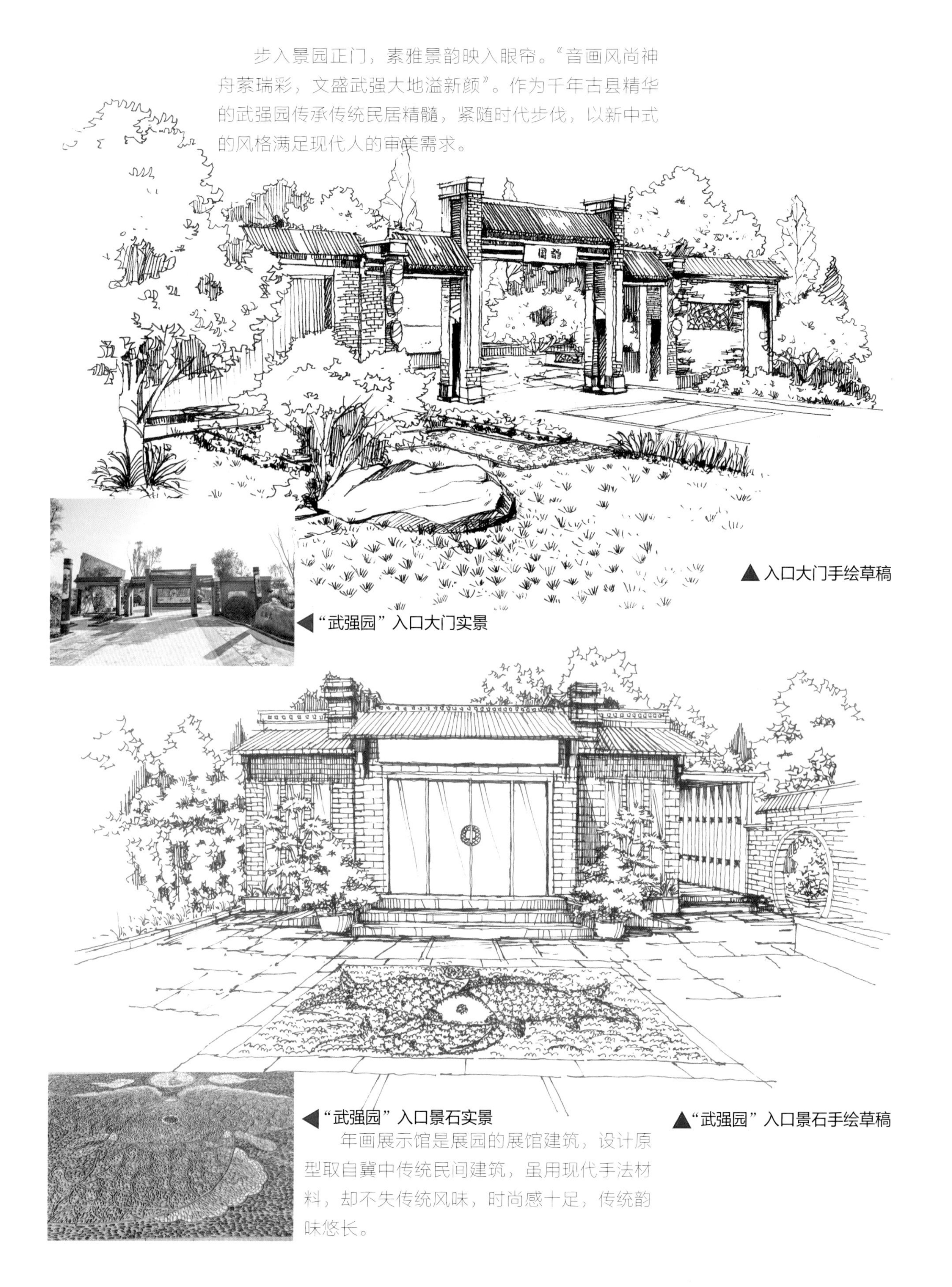

▲入口大门手绘草稿

◀“武强园”入口大门实景

◀“武强园”入口景石实景

▲“武强园”入口景石手绘草稿

年画展示馆是展园的展馆建筑，设计原型取自冀中传统民间建筑，虽用现代手法材料，却不失传统风味，时尚感十足，传统韵味悠长。

惠风园

惠风园，在传统民俗民风的基础上提取元素，结合饶阳代表文化符号加以创新，通过对饶阳历史文化及符号的再创作，结合县委县政府“文渊流长，品味蔬香”设计指导思想，运用传统造园借景、障景、漏景、对景、框景、夹景之手法，充分考虑对原始地形地貌的改造，打造出合理的园林竖向内容。

● 设计摘要
地点：河北省衡水市
设计性质：展园
基地面积：1333㎡
设计时间：2016年12月
施工时间：2017年4月—2017年7月
主要内容：诗经台、主建筑、曲廊等

▼“惠风园”设计前现状

◀ 主创设计师正在绘制“惠风园”方案草图

由于场地较小，仅有1333平方米，如何在有限的地域范围内，营造出小中见大的空间效果，就需要设计师的细细考量了。饶阳园在这点上，就是将主体建筑如揽绕堂、诗经台、曲廊放在设计范围的四周，中间布置园林山水，形成主要空间；在这个主要空间的外围伺机布置若干次要空间及局部性小空间；每个小空间又与大空间有机联系起来。这样各具特色，又主次分明。

▼“惠风园”早期方案手绘鸟瞰图

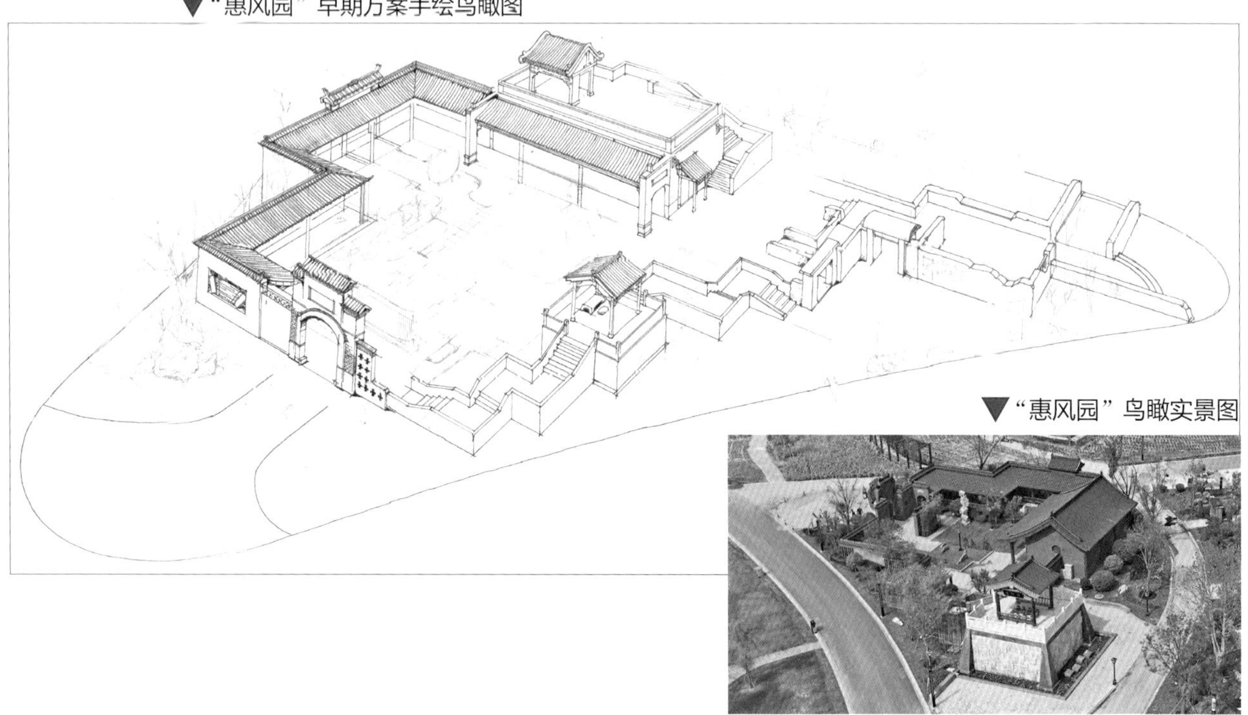

▼“惠风园”鸟瞰实景图

“惠风园”手绘平面草图

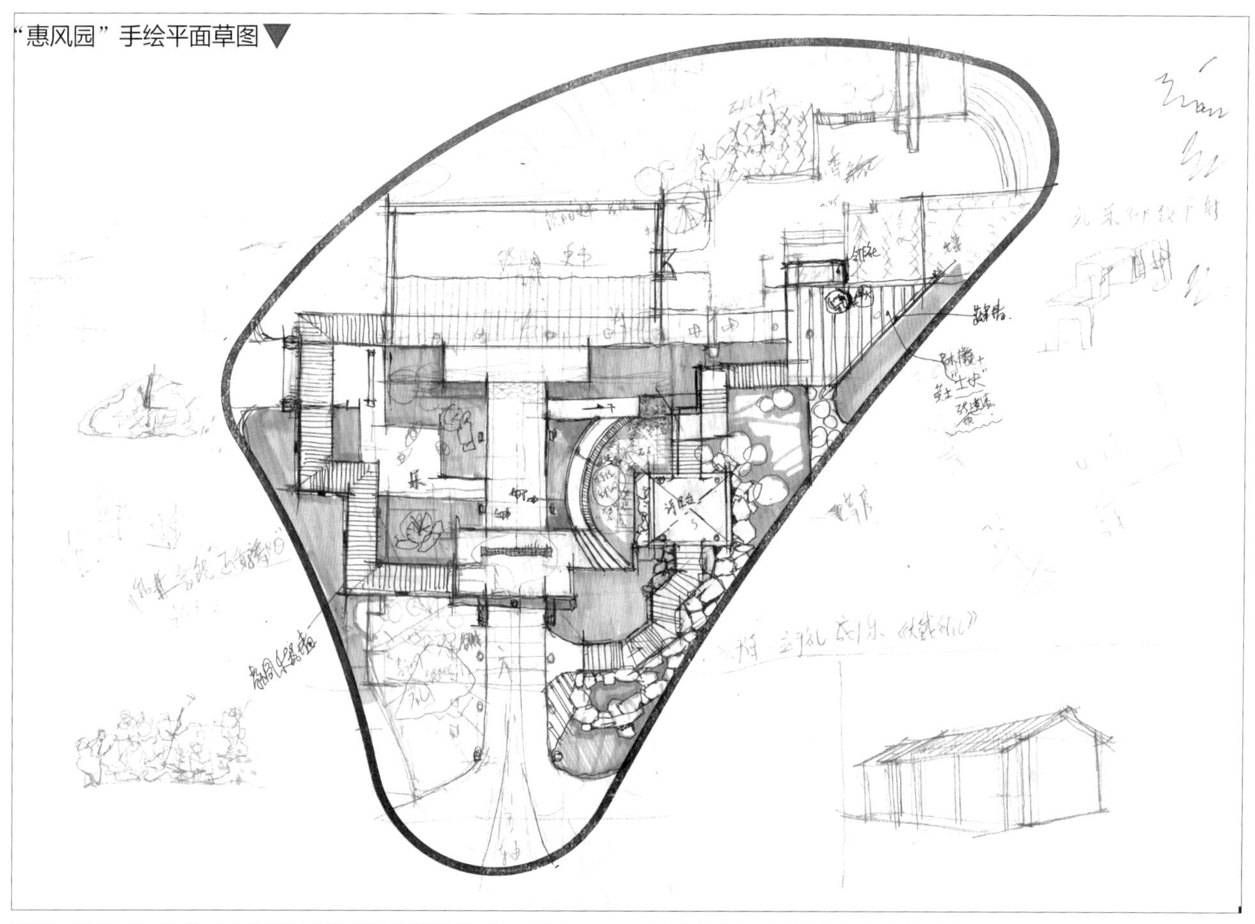

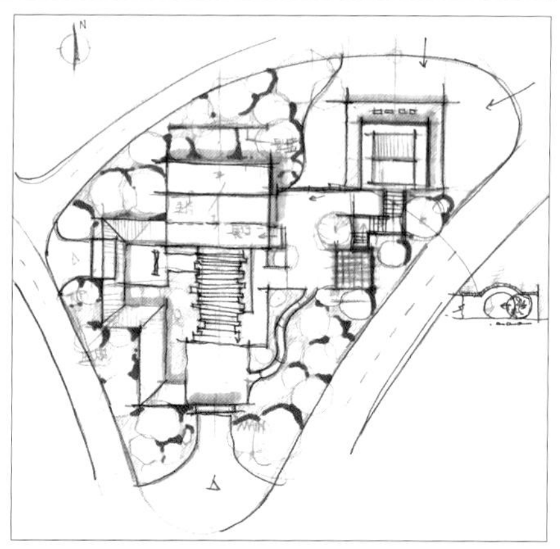

惠风园景观轴线分为“展园建筑轴线”和“文化主题轴线”两大轴。景观节点依次为：主入口景观带、饶阳赋书简影壁、曲廊建筑及琵琶新语雕塑、揽饶堂展厅建筑景观、中国蔬菜之乡耐候钢农业文化景墙。

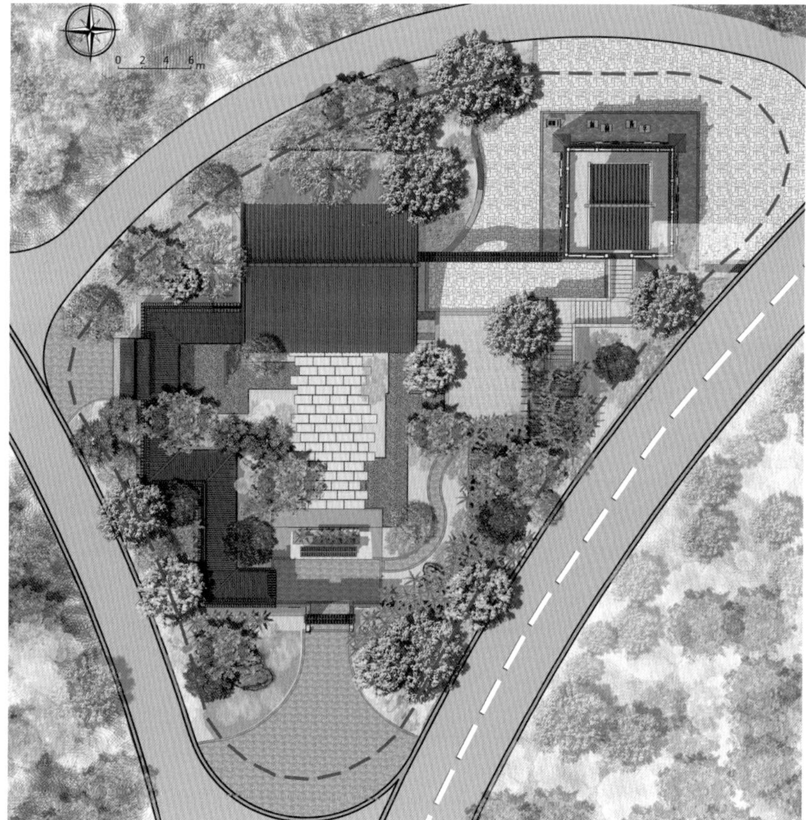

“惠风园”总平面图

▶“惠风园”立面图

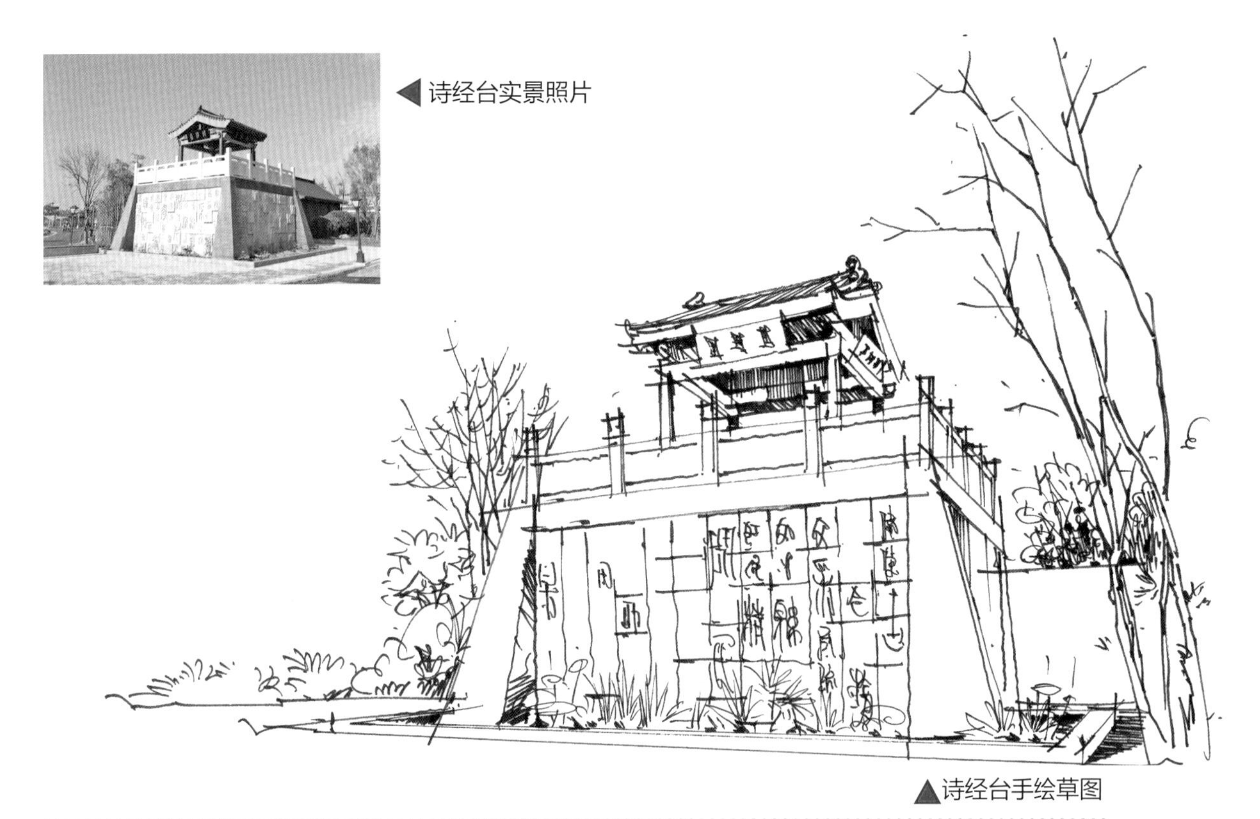

◀诗经台实景照片

▲诗经台手绘草图

琵琶新语青铜雕塑，是饶阳发达的铸铜技术与民族乐器元素的完美融合。琵琶新语作为雕塑也发挥了其独特的作用，除了有观赏价值外，它位于次入口正对处，将院内景色隐于园中，充分利用了园林造园手法中障景这一手法，从外面看进去，园中景色不能一窥而尽。

▲琵琶新语青铜雕塑设计手绘草图

▼琵琶新语青铜雕塑细节

“惠风园”主入口手绘草图▲

“惠风园”实景照片▶

在院内布置高仿“冠云峰”置石，结合花木，增强院落的景观氛围，起到了画龙点睛的作用。

◀ “惠风园” 次入口电脑效果图

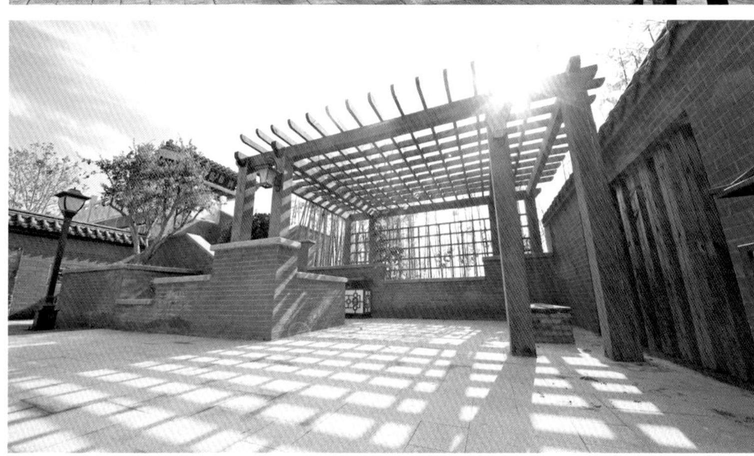

◀ 葡萄架实景照片

▼ 葡萄架手绘草图

孔颖达文化公园

孔颖达为统一儒学做出了巨大贡献，本设计提炼他的思想精华，以追思缅怀孔颖达主题人物的形式来塑造景观空间，展现衡水人杰地灵的地域文化风采。本方案中建筑多为中国传统建筑，风格采用唐代建筑风格。

● 设计摘要
地点：河北省衡水市
设计性质：公园绿地
基地面积：88981㎡
设计时间：2016年9月
施工时间：2017年2月—2018年4月
主要内容：桃城书院、杏林桥、至圣先师殿等

"孔颖达文化公园"施工现场 ▲

孔颖达文化公园塑造了以规整式建筑和自由山水园林相结合的格局，在渲染儒风古韵的基础上树立古风遗韵的新风尚。"诗""书""礼""易""春秋"五大主题体验区让人在体验游园乐趣的同时感受儒家文化的博大精深。

"孔颖达文化公园"手绘平面草图 ▼

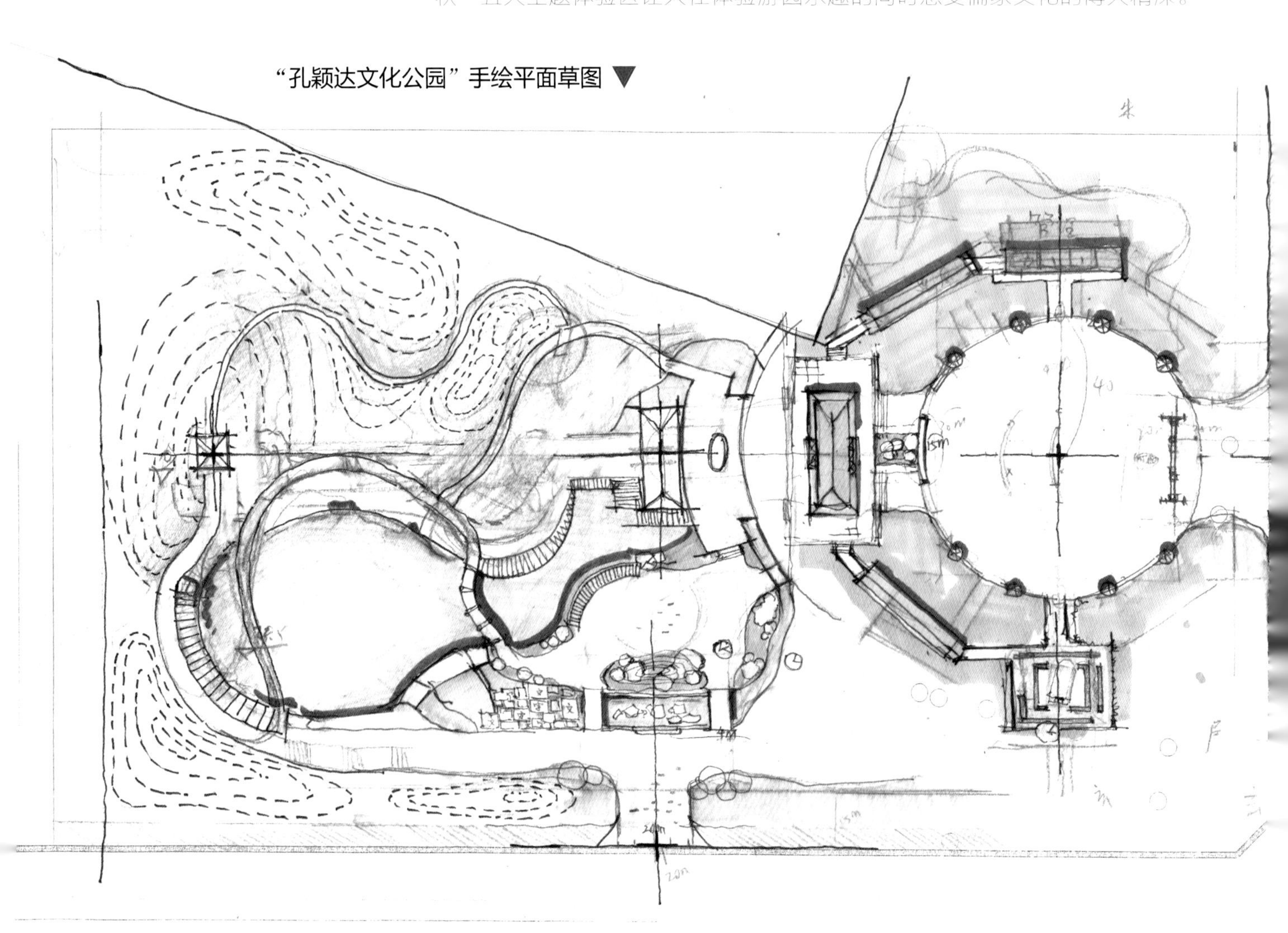

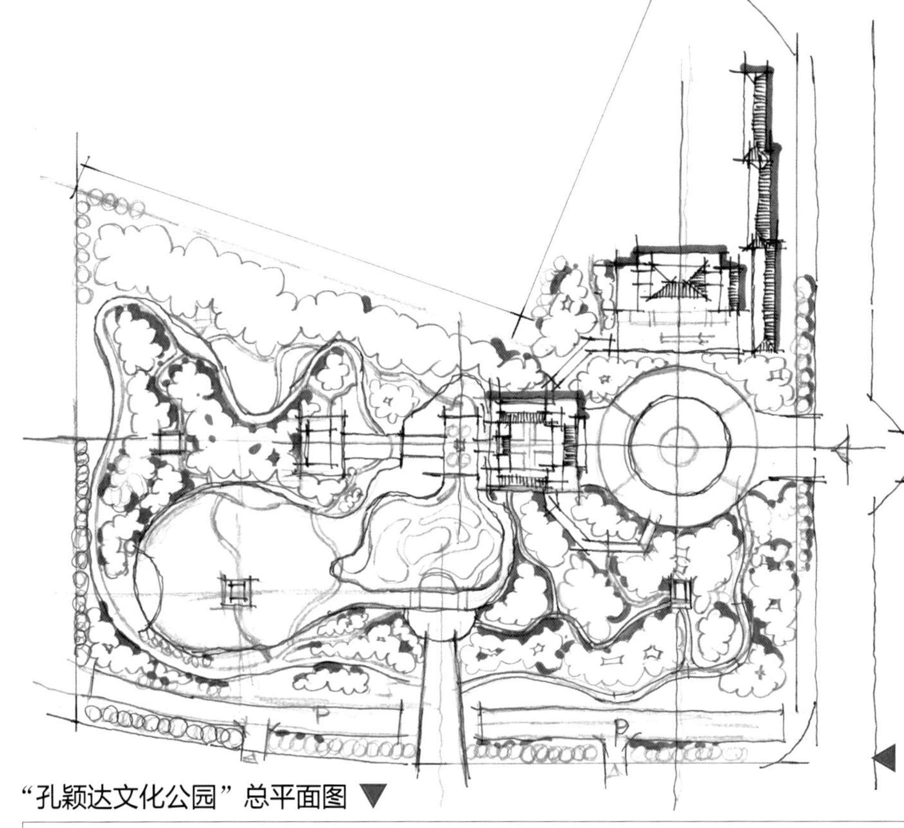

在塑造文化氛围的同时另着笔墨，描绘了七种风格、功能迥异的分区体验。分别为“入口景观区”、“文化参观区”、“儿童游乐区”、“亲水观景区”、“自然景观区”、“次入口广场区”、“停车区”以及“商业区”。

◀“孔颖达文化公园”构思平面草图

“孔颖达文化公园”总平面图 ▼

▼"至圣先师殿"手绘剖面图

▲“至圣先师殿”手绘效果图

整体造型采用唐代建筑风格，沉稳大气，建筑外观色彩厚重凝练，充分体现了儒家文化的主题内涵。

◀“至圣先师殿”实景照片

▲入口牌坊手绘效果图

◀入口牌坊实景照片

▲“桃城书院”手绘草图

▼“桃城书院”鸟瞰效果图

▼“桃城书院”实景照片

▲孔颖达纪念馆手绘草图（1）

◀孔颖达纪念馆现场照片

该建筑在造型上突出文化的厚重感，着重表现历史文化的韵律；在形体组合上体现历史文化及地方特色，使建筑个性鲜明又不失文化内涵。

▼孔颖达纪念馆手绘草图（2）

人民公园改造提升

本项目位于河北省衡水市，是利用原有的状貌，增加或改造补充，使整体达到协调统一、功能丰富、效果美观的目的。南区新儒乡园主要汲取了冀东南古典民居元素，园林风格是北方私家庭院的形式。园内景观以古建、山石、松竹为主，融合书山学海理念，以自然山水园为载体，充分展现儒家文化内涵。

● 设计摘要
地点：河北省衡水市
设计性质：公园绿地
基地面积：125335.36㎡
设计时间：2018年12月
施工时间：2019年1月—2019年8月
主要内容：新儒乡园、南入口牌坊、陋亭等

设计团队勘察现场▲

人民公园早期构思平面图▶

人民公园结构为“一带、两心、三区”。一带：滨水生态游憩带；两心：古亭景观核心区、儒乡园景观核心区；三区：生态涵养区、入口活力区、湿地休闲区。整体上采用“三轴两带”的方式划分景观空间，塑造了以游园休憩和自由山水园林相结合的格局，将渲染儒风古韵与公园功能组织有机结合。

人民公园手绘鸟瞰图

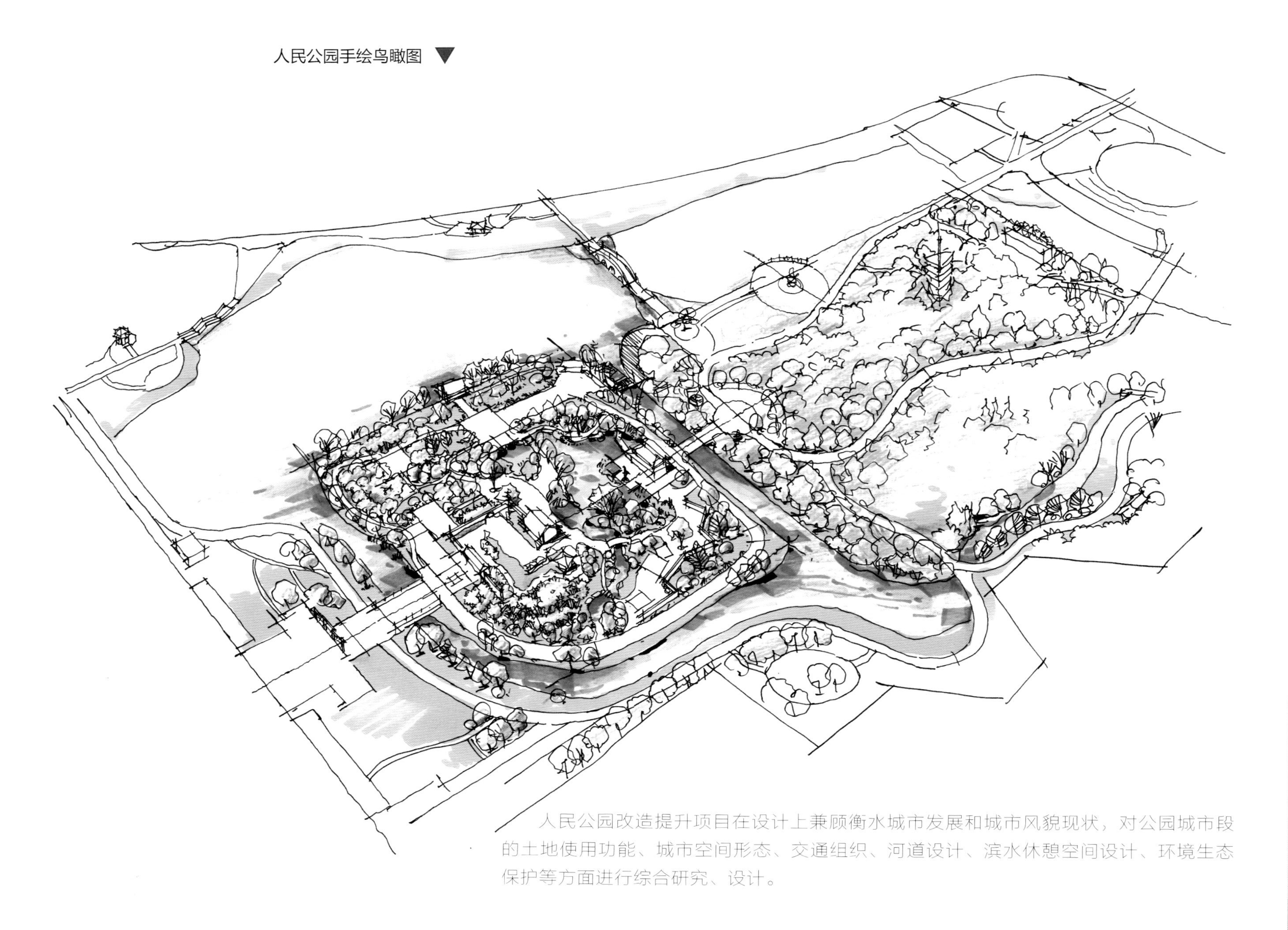

人民公园改造提升项目在设计上兼顾衡水城市发展和城市风貌现状，对公园城市段的土地使用功能、城市空间形态、交通组织、河道设计、滨水休憩空间设计、环境生态保护等方面进行综合研究、设计。

人民公园南入口牌坊手绘图▼

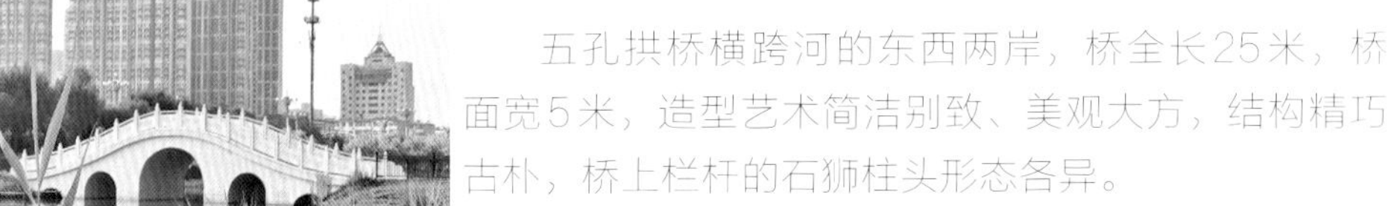

五孔拱桥横跨河的东西两岸，桥全长25米，桥面宽5米，造型艺术简洁别致、美观大方，结构精巧古朴，桥上栏杆的石狮柱头形态各异。

▲五孔桥手绘图

▲陋亭手绘图

"新儒乡园"手绘平面图▼

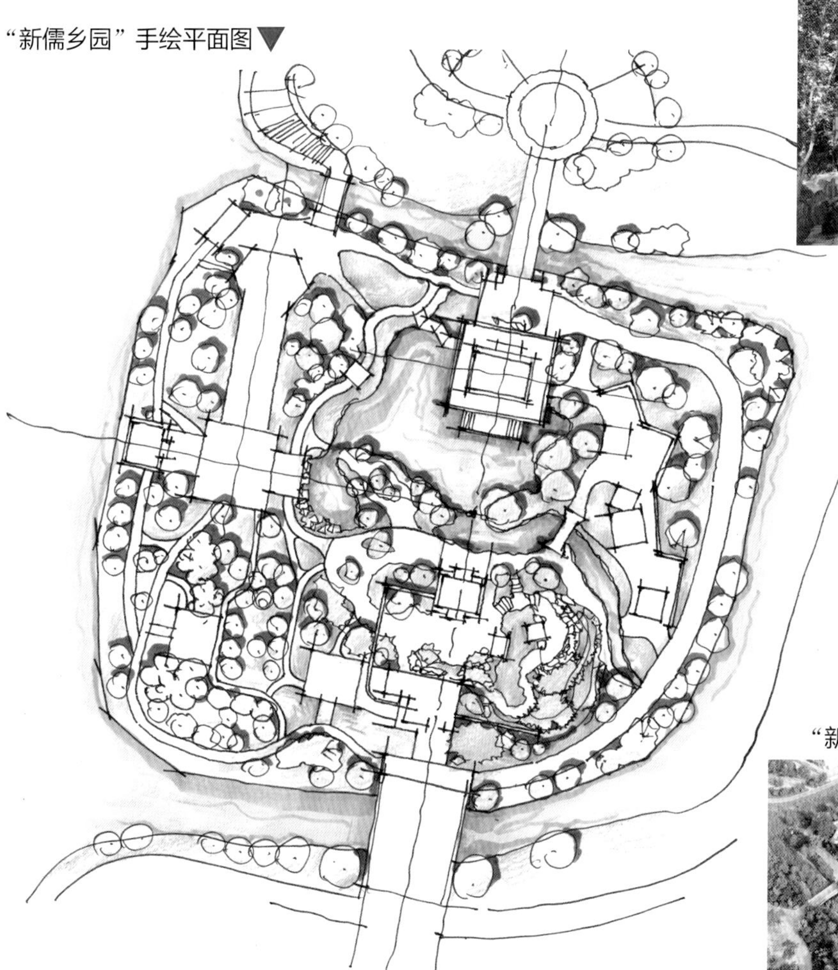

▲陋亭实景照片

人民公园改造提升工程将此块中心荒地作为工程的主要部分，建园风格为中式传统园林，充分挖掘衡水市儒家文化，融于园林建设中。园内主要的园林景观要素有：垂花门、寒门习礼、礼正厅、明礼山堂、褉手榭、临溪草堂、知水亭、乐山亭、月枕桥、书卷墙、礼敬湖。

"新儒乡园"航拍照片▼

▲明礼山堂实景照片

▲垂花门手绘效果图

◀垂花门实景照片

▼"新儒乡园"手绘剖面图

衡水市人民公园形象标识由衡水学院建筑景观研究所与品牌设计研究所联合设计，主图形由衡水市花荷花、桃花的花瓣结合篆刻汉字“园”字，以完全对称的表现方式进行整体创意设计表现，寓意改造后的人民公园定会给衡水人民带来和谐、乐美的生活感受。

▲人民公园Logo　作者：王正

◀Logo地雕实景照片

◀桥头Logo实景照片

▲南入口桥栏板实景照片

◀桥栏板Logo矢量图

◀桥栏板Logo纹样手绘草图

桥栏板纹样结合人民公园Logo延伸得来，提取了中国传统文化中中国结纹样与卷草纹纹样元素，并配以“人民公园”四个字，体现了人民公园的特质。

饶阳地产示范区

项目位于饶阳城西，北临新城路，东临博陵大街，南临康裕路，西临诚信街。整个设计坚持绿色生态、现代智能的理念，注重环境艺术，营造园林景观，打造自然与人文等和谐共生的高品质居住社区，使居民在现代生活中回归生命本真。

● 设计摘要
地点：河北省衡水市
设计性质：地产示范区
基地面积：3082㎡
设计时间：2020年6月
施工时间：2020年7月—2019年8月
主要内容：入口景墙、太湖石假山、儿童活动区等

▲丽景名都示范区入口施工图

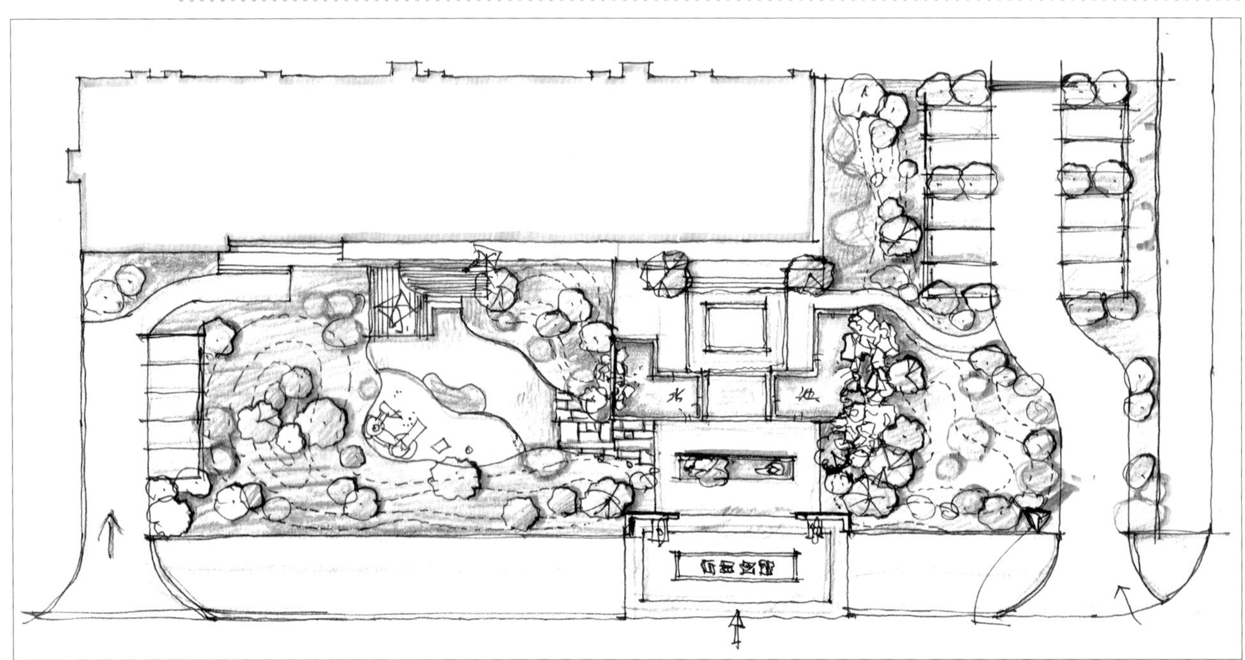

▲ 丽景名都示范区手绘平面草图

以《诗经》这部“植物志”为引子，采用赋比兴、风雅颂手法，将直陈、起伏、达意、风雅吟颂融于一体。

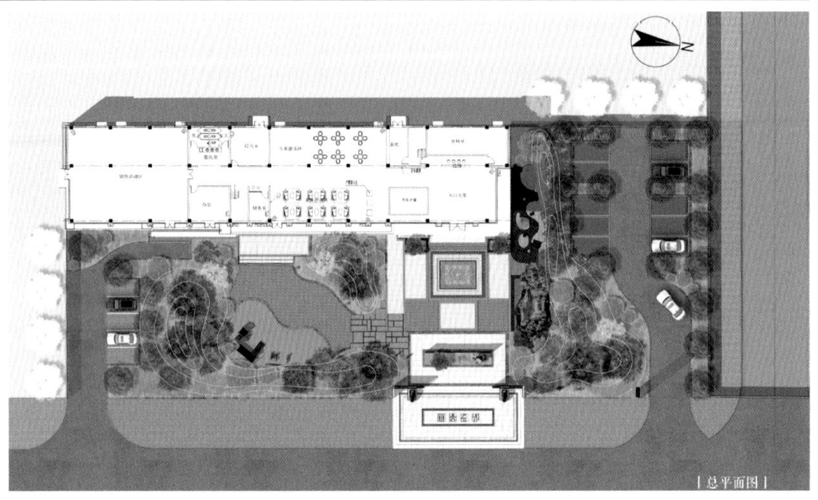

丽景名都示范区总平面图▶

▲丽景名都示范区鸟瞰效果图

草木山石，既是自然灵秀，更是人间烟火。匠心独具，让时光在千年的饶邑古城、诗经之乡慢慢沉淀。

▼太湖石假山水景手绘效果图

入口采取新中式开放式格局，灰砖覆地，灯柱流彩，矮墙半掩，若隐若现，平安吉祥守护左右，既通透开阔，又不失含蓄内敛。一脚踏入“丽景名都”，即已步入本真生活。迎门绿荫之上，影壁屏风横立，藏景纳福，聚气凝神；辅以青松迎宾，云树参天，奇石镇宅，愈显古邑气象。

◀丽景名都示范区夜景效果图

▲地面铺装现场照片

▲太湖石假山叠山现场照片

▲丽景名都示范区入口效果图

海南琼中水晶绿岛居住区

项目本着以人为本的规划设计理念，充分结合项目外部、内部地形和景观资源及本地黎苗风情特色，将建筑、道路、景观融合在一起，打造一个高品质的度假生活小区。二期共有5栋18层住宅，5栋住宅楼围绕小区中心游泳池和中心绿化布置，与一期住宅形成一个统一的整体。二期规划道路同一期交接在一起，形成内外两个环路，外环为车行路，内环人行，机动车及停车区均通过外环路实现互通，不进入居住组团内部，人车分流。

● 设计摘要
地点：海南琼中
设计性质：居住区景观
基地面积：13082㎡
设计时间：2014年9月
施工时间：2015年7月—2016年5月
主要内容：游泳池、儿童场地、高差处理等

▼ "水晶绿岛"居住区手绘平面图

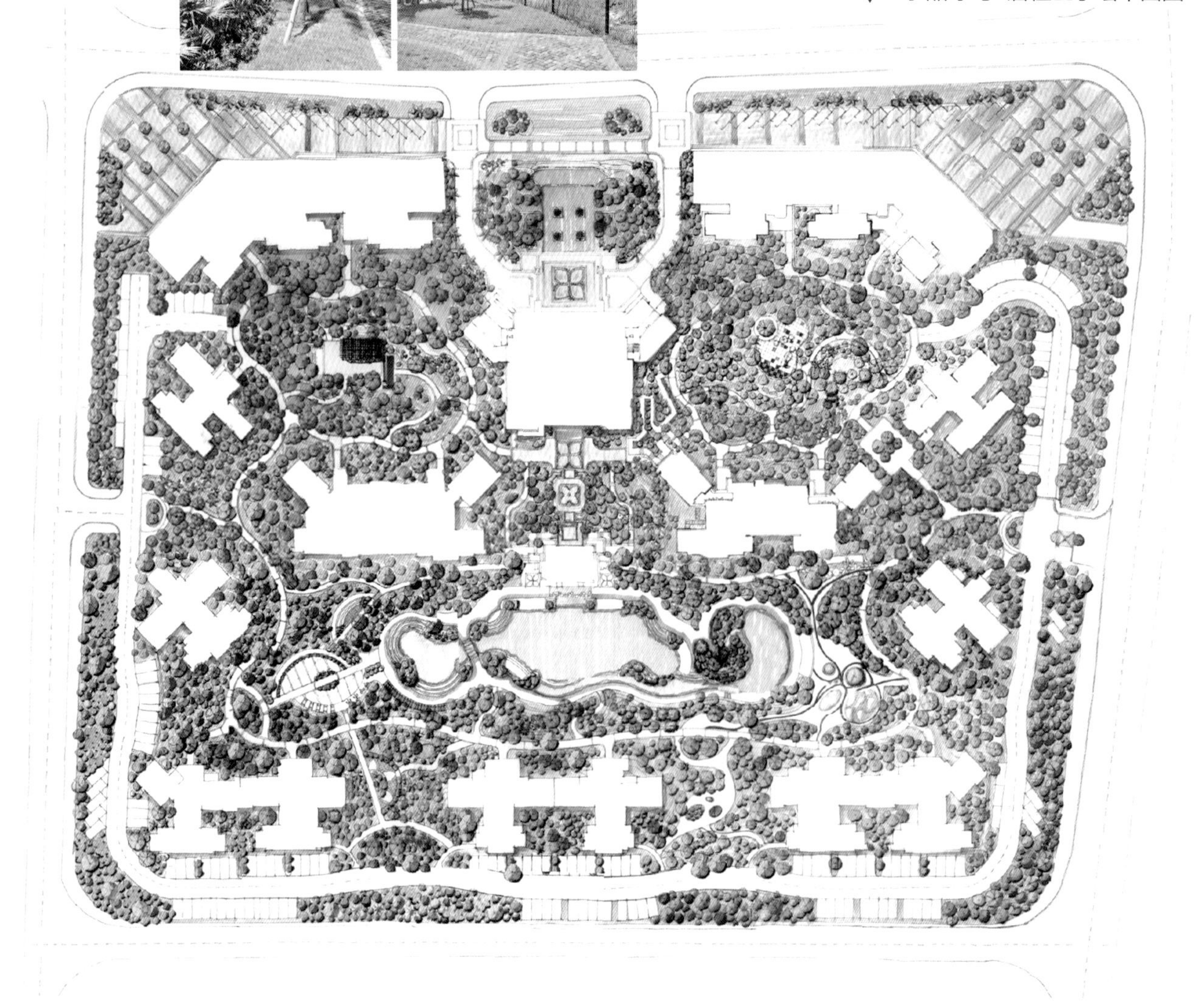

▲概念方案景墙手绘效果图

规划理念：因地制宜，结合项目地文化特点，深度挖掘生态资源优势，在景观设计时，将地产文化有机结合，打造宜居的生活环境。

居住区内泳池鸟瞰效果图▲

居住区内景墙实景照片▶

概念方案儿童区手绘效果图 ▲

一个景观规划设计的成败、水平的高低以及吸引人的程度，归根到底就看它在多大程度上满足人类户外环境活动的需要，是否符合人类的户外行为需要。考虑大众的思想，兼顾人类共有的行为，群体优先，这是现代景观规划设计的基本原则。

儿童区实景鸟瞰图 ▲

小区内实景照片▼

廊架构成的空间也是重要的休息场所，在景观空间中尤其重要，因为它可以形成比较私密的场所。人们在其中可以休息、赏景。花架上枝叶茂密，也可以形成走廊。廊架还具有组织空间、增加景深等作用，另要注意与周围建筑和植物风格的统一。

概念方案廊架手绘效果图▼

局部手绘效果图 ▲

方案中有许多带有高差的台地。为满足特殊人群正常使用，在台地、单元入户门等有高差的地方均设有台阶与无障碍坡道，可以利用这两种方式来处理高差变化。

局部电脑效果图 ▲

局部电脑效果 ▲

概念方案手绘效果图 ▲

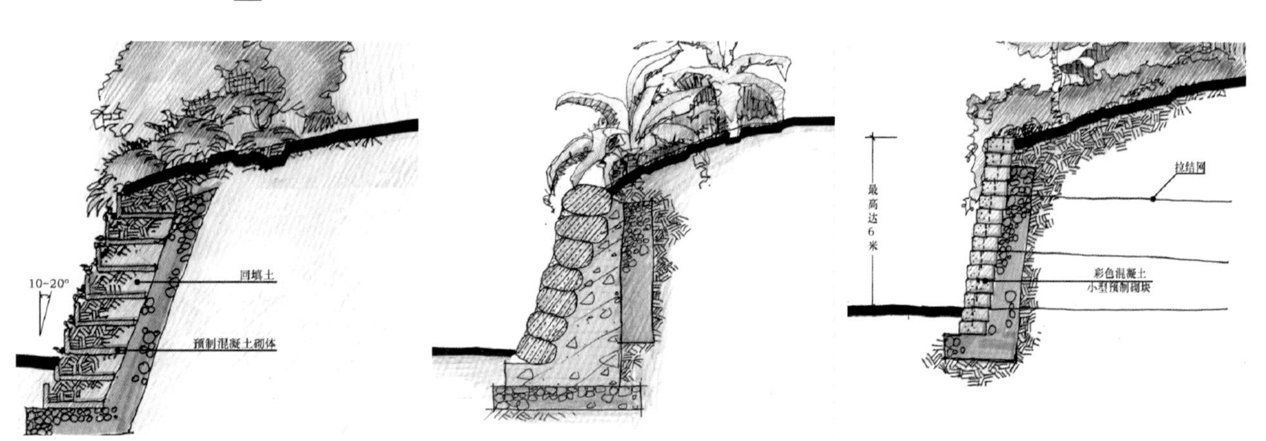

挡土墙形式手绘草图 ▲

在前期方案中，许多东西都是先利用手绘来构思，例如台阶、小品、挡墙、坡道等，接着再利用电脑进一步将尺寸、材质等方面细化。

小品手绘效果图 ▲

第九章　手绘落地案例

秦皇岛园博园衡水市园

▲茅草屋现场照片

▲茅草屋手绘草图　作者：张宏明

▲ 知水亭手绘草图　作者：路培

◀ 知水亭现场照片

▲ 入口地雕精雕手稿　作者：刘贺明

▲ 入口地雕实景照片

▲院内手绘效果图　作者：曹虎

▲ 院内叠石实景照片（1）

▲ 院内叠石实景照片（2）

水峪村美丽乡村规划

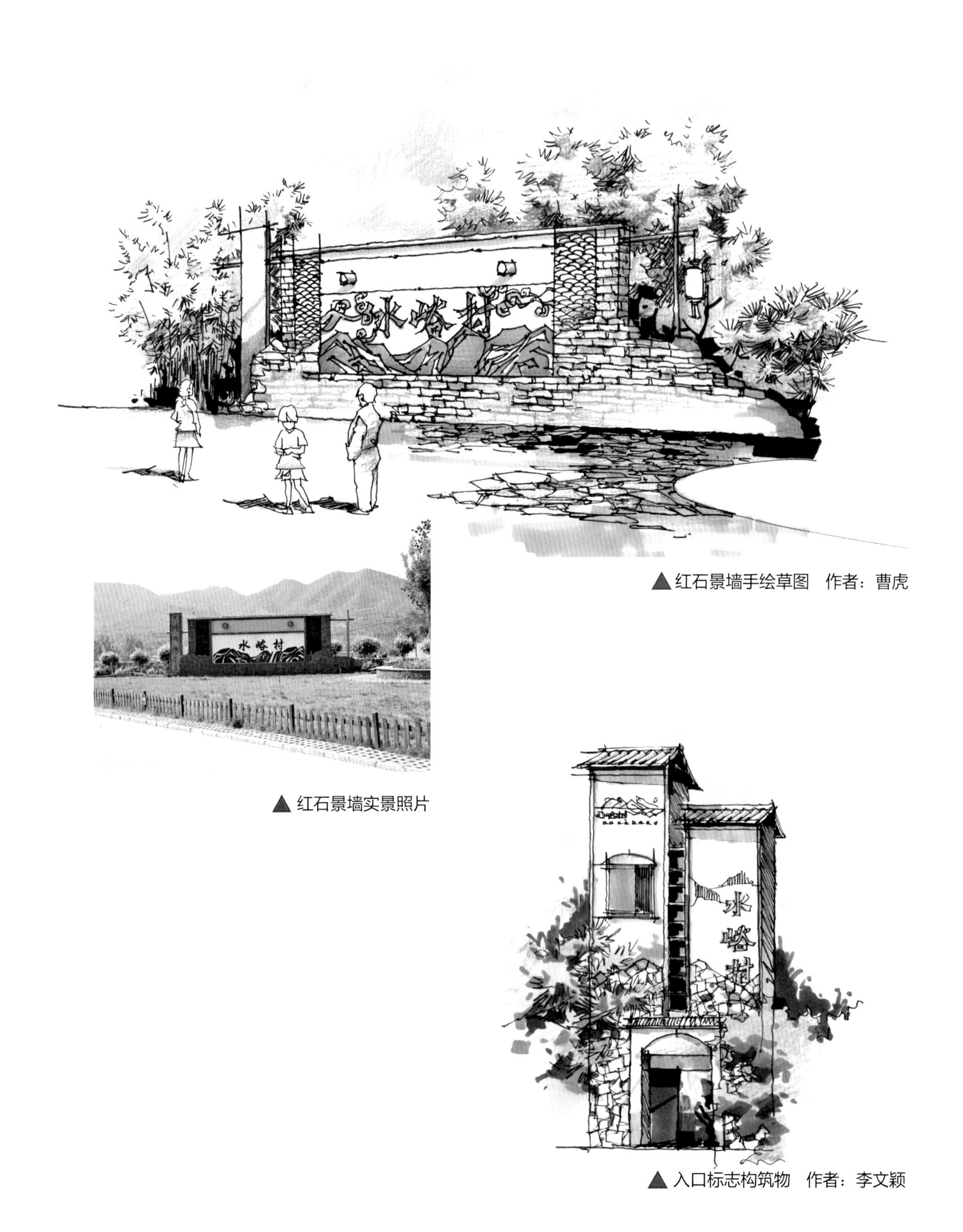

▲红石景墙手绘草图　作者：曹虎

▲红石景墙实景照片

▲入口标志构筑物　作者：李文颖

▲水峪村村民服务中心手绘草图　作者：路培

▼水峪村村民服务中心实景照片

西部长青旅游区

▲游客服务中心手绘效果图 作者：刘贺明

▲ 游客服务中心实景照片

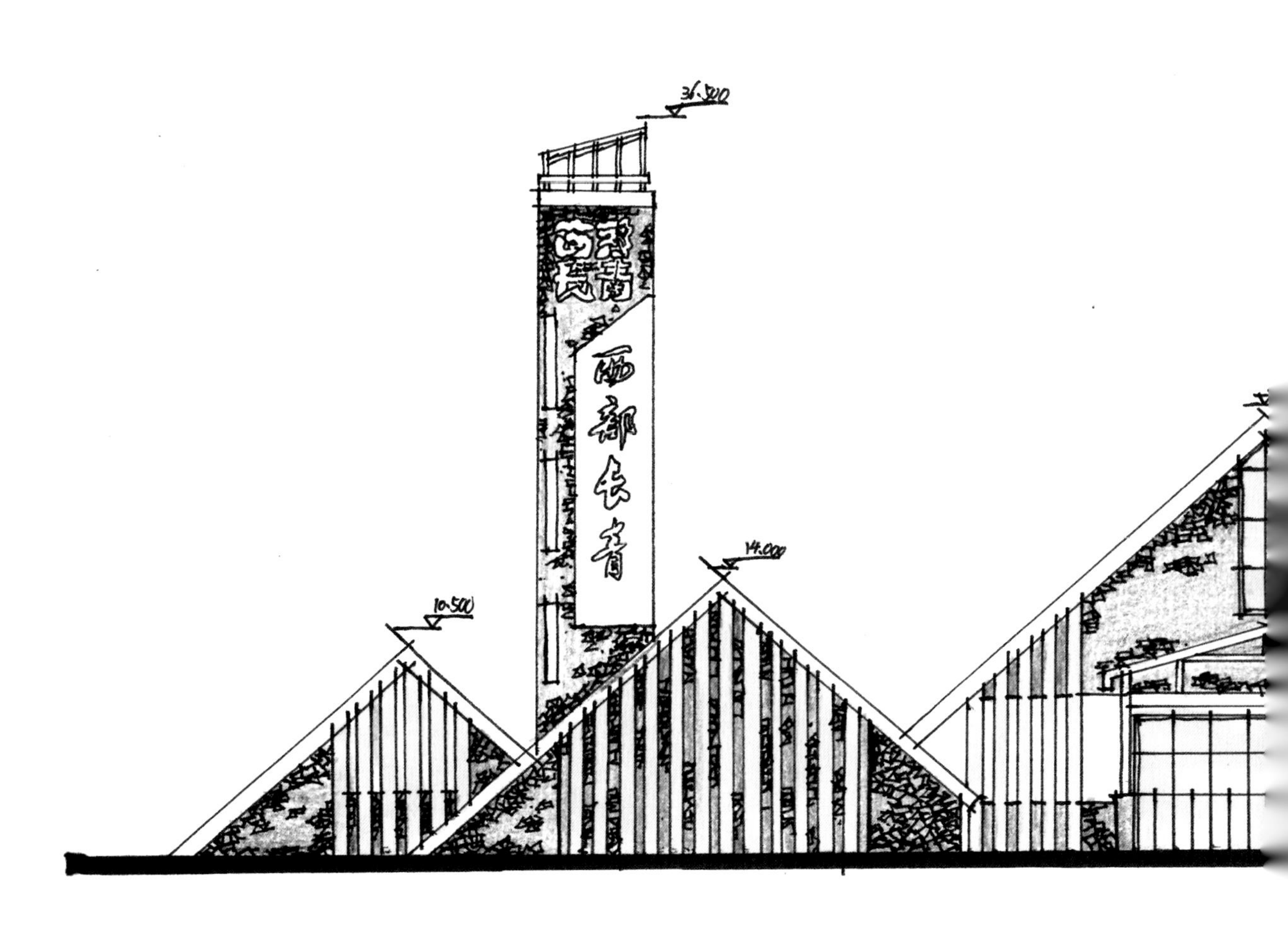

◀ 游客服务中心实景照片

▼游客服务中心手绘建筑立面图

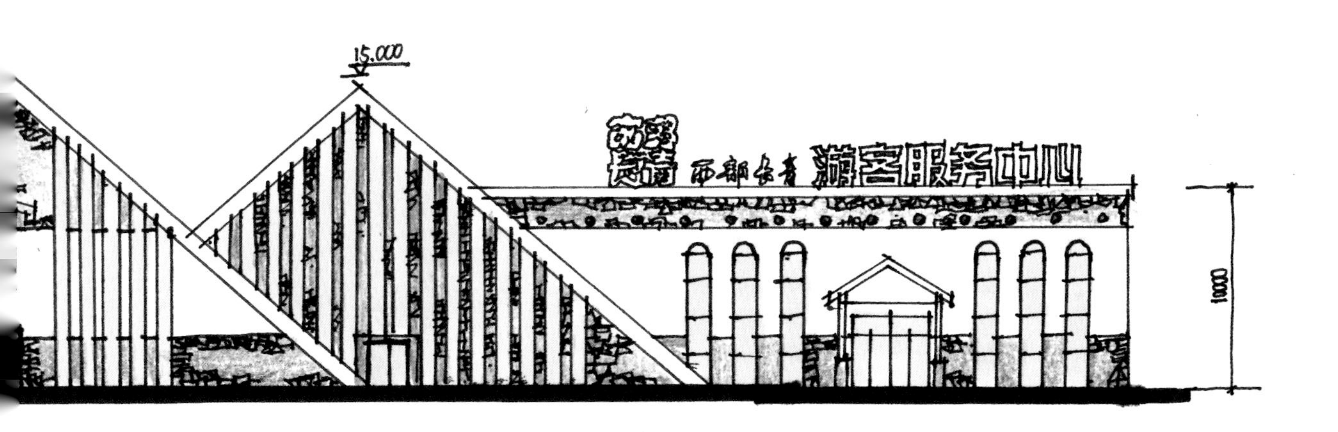

气象中心景观方案

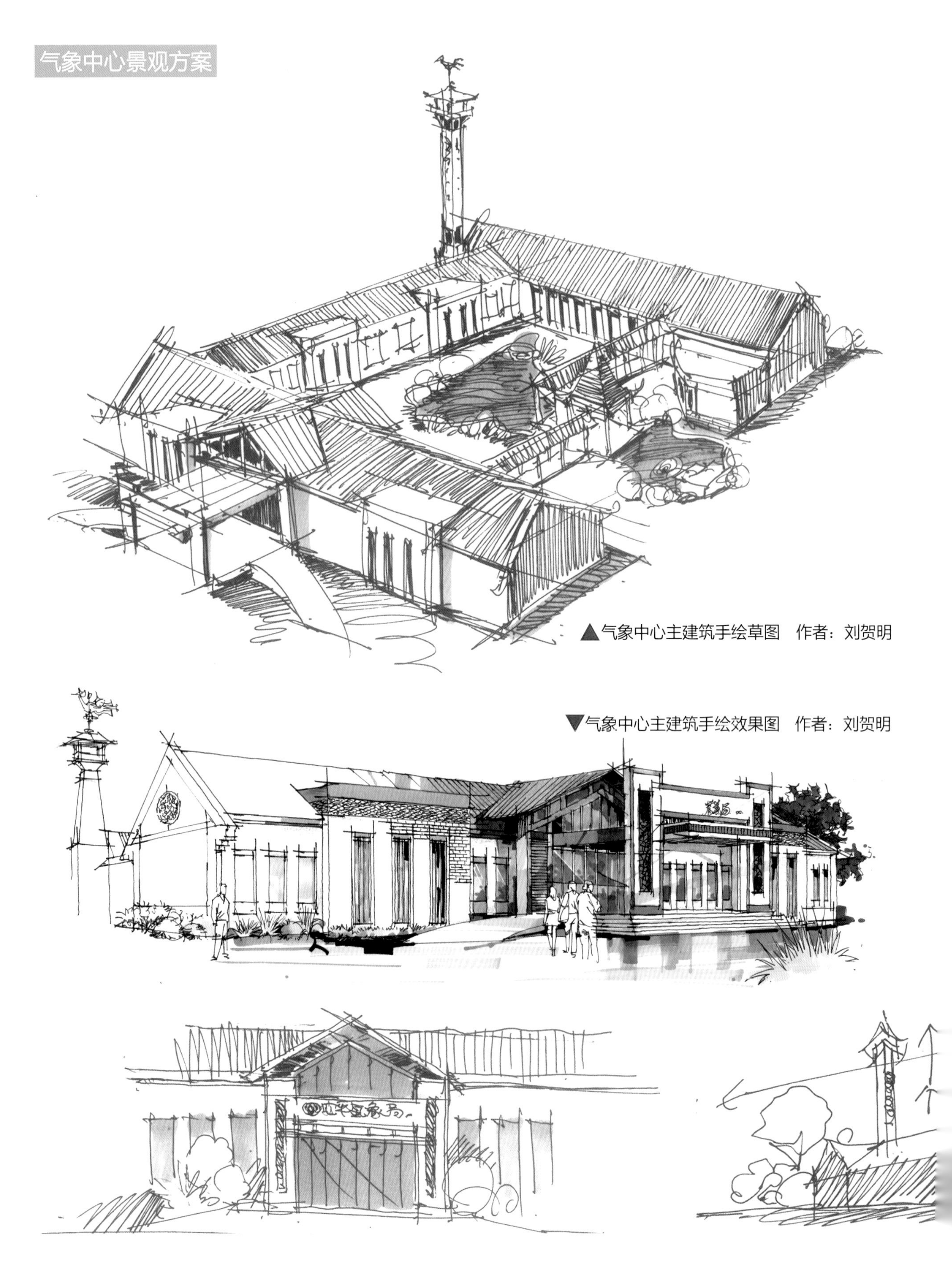

▲气象中心主建筑手绘草图　作者：刘贺明

▼气象中心主建筑手绘效果图　作者：刘贺明

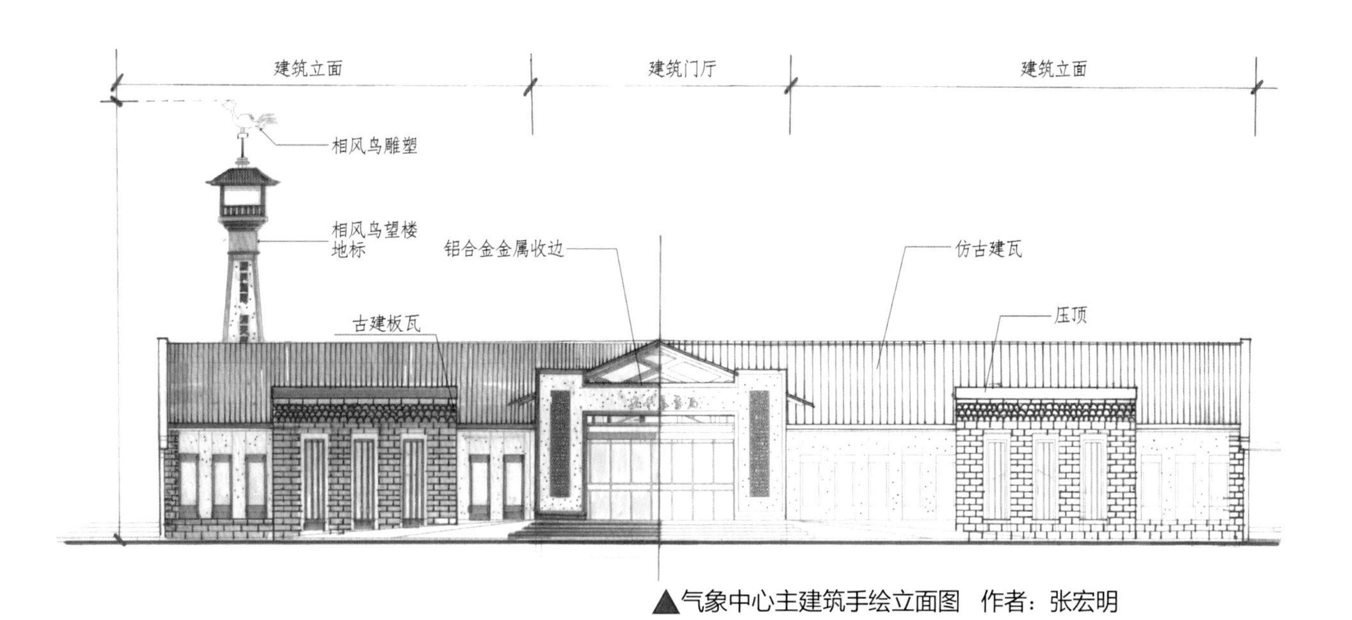

▲气象中心主建筑手绘立面图　作者：张宏明

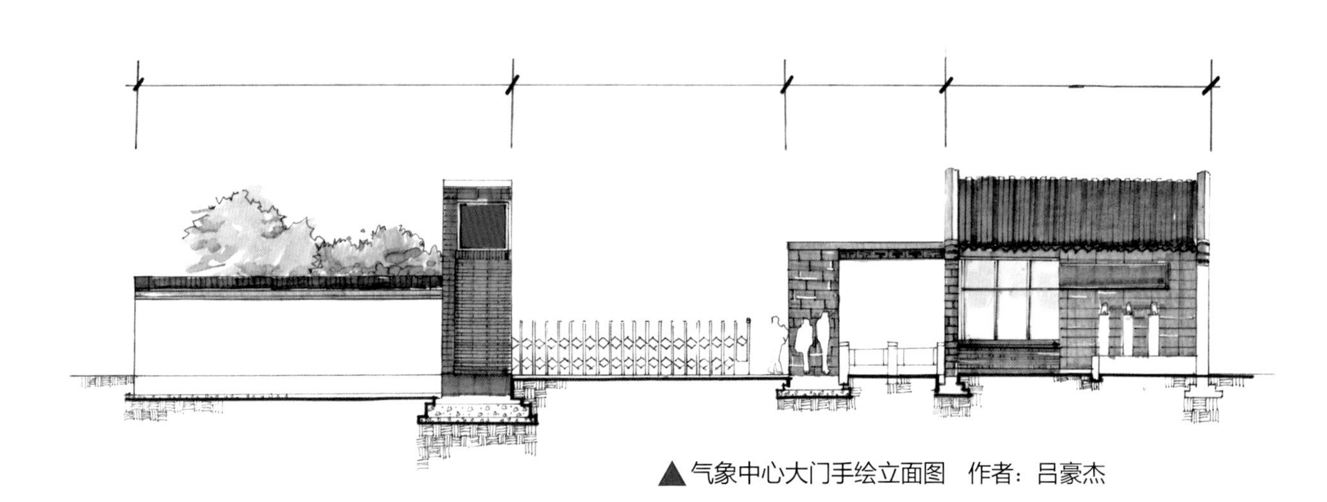

▲气象中心大门手绘立面图　作者：吕豪杰

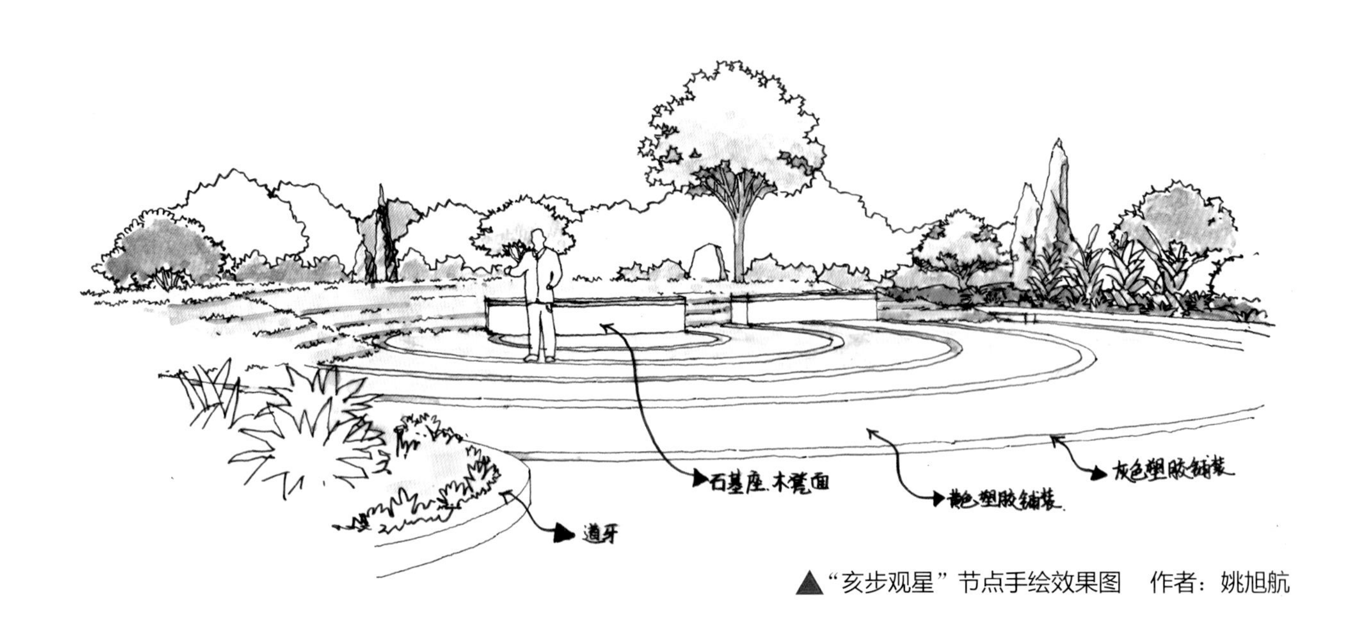

▲“亥步观星”节点手绘效果图　作者：姚旭航

▲停车位手绘效果图　作者：李跃

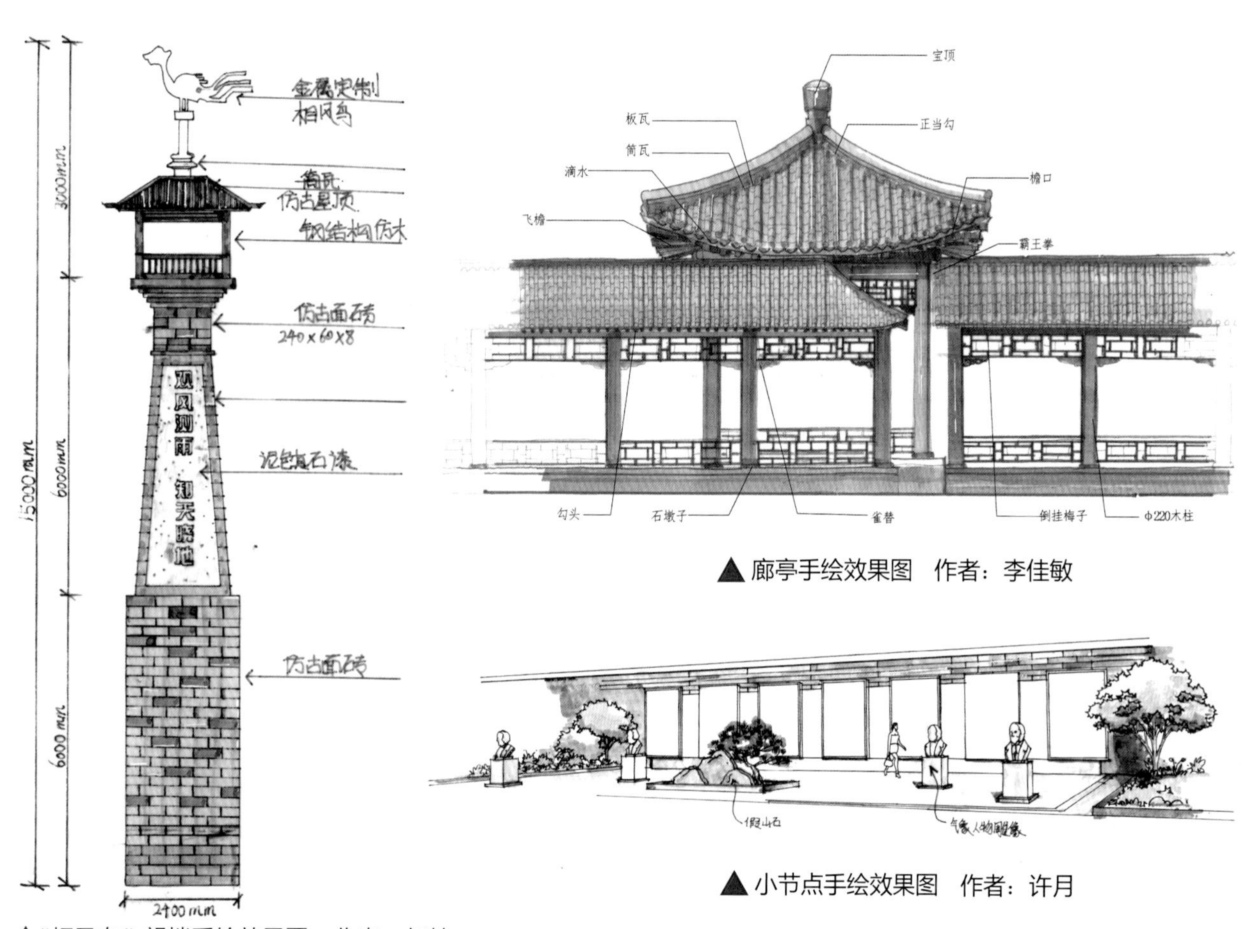

▲"相风鸟"望楼手绘效果图 作者：何林

▲廊亭手绘效果图 作者：李佳敏

▲小节点手绘效果图 作者：许月

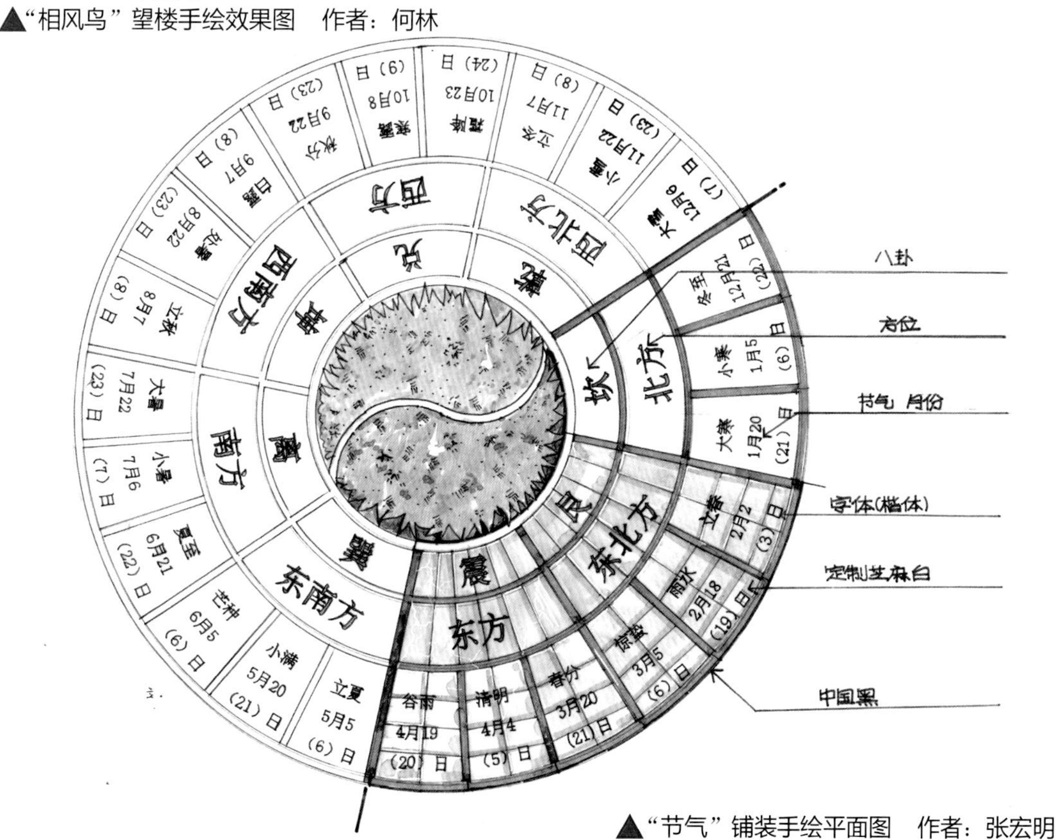

▲"节气"铺装手绘平面图 作者：张宏明

后记

《景观设计手绘草图与应用》一书从筹备初期到完稿，历经多次调整优化，整合了多个落地建成的景观手绘设计作品，既是景观手绘技法的详解，也体现了一个梳理学习和研究手绘方案可行性的过程。本书详细记述了从实用透视应用一直到项目方案草图绘制整个过程中的重点难点，能够有效地提升读者的景观手绘表现能力。实用透视是作者从事设计学科多年来的学术心得。

本书基本涉及了景观设计各方面的手绘草图和技法内容，并按照知识点的先后顺序，由易到难进行划分和讲述，着重介绍了实际项目从设计到建造过程中，手绘草图是如何进行详细应用的，以助力景观设计师更好地理解草图设计在实际案例中的工作程序和方法。本书也涵盖了快题设计、就业手绘等诸多方面，内容较详尽，步骤较清晰。同时，本书能够帮助读者利用手绘这种高效快速的技能，推演与阐述自己的设计思路，尤其对在校生和青年设计师的理论能力、思维能力、学术能力的提升有很大帮助，有助于其实现从设计到实践的成功。相信当您读到这本书时，一定会有所收获。

这本书最终能够完成并出版，与许多人的鼎力支持息息相关。感谢路培、曹虎、张宏明、吕豪杰、姚旭航、李跃、许月、李佳敏、何林等同仁在本书撰写过程中给予的大力支持。同时，借此机会，向所有帮助过、指导过、参与编撰本书的朋友们致以最真诚的谢意。

笔者竭尽全力撰写本书，但难免有疏忽和不妥之处，望广大读者及同行不吝指正并给予宝贵意见，特此感谢！

2021年8月